高职高专立体化教材计算机系列

3ds Max 三维动画案例教程
(微课版)

向 华 主编

清华大学出版社
北京

内 容 简 介

本书以特色案例为主线，融"教、学、做"为一体，通过 21 个兼具实用性与趣味性的特色案例，介绍了 3ds Max 2014 中文版在建模、材质、灯光、摄影机和动画等方面的基本使用方法和操作技巧，同时，通过大量的上机实操训练，突出了对实际操作技能的培养。

本书配有完整的教学资源，为"三维动画制作"课程的教学以及学生的自主学习提供了极大方便。本书既可作为高职院校有关专业的"三维动画"教材，也可作为相关培训教材和三维动画爱好者的自学参考书。

本书封面贴有清华大学出版社防伪标签，无标签者不得销售。
版权所有，侵权必究。举报：010-62782989，beiqinquan@tup.tsinghua.edu.cn。

图书在版编目(CIP)数据

3ds Max 三维动画案例教程：微课版/向华主编. —北京：清华大学出版社，2022.9
(高职高专立体化教材计算机系列)
ISBN 978-7-302-61739-6

Ⅰ. ①3… Ⅱ. ①向… Ⅲ. ①三维动画软件—高等职业教育—教材 Ⅳ. ①TP391.414

中国版本图书馆 CIP 数据核字(2022)第 157358 号

责任编辑：石　伟
封面设计：刘孝琼
责任校对：李玉茹
责任印制：刘海龙

出版发行：清华大学出版社
网　　址：http://www.tup.com.cn, http://www.wqbook.com
地　　址：北京清华大学学研大厦 A 座　　邮　编：100084
社 总 机：010-83470000　　邮　购：010-62786544
投稿与读者服务：010-62776969, c-service@tup.tsinghua.edu.cn
质量反馈：010-62772015, zhiliang@tup.tsinghua.edu.cn
课件下载：http://www.tup.com.cn, 010-62791865

印 装 者：三河市铭诚印务有限公司
经　　销：全国新华书店
开　　本：185mm×260mm　　印　张：14.75　　字　数：358 千字
版　　次：2022 年 9 月第 1 版　　印　次：2022 年 9 月第 1 次印刷
定　　价：59.00 元

产品编号：090066-01

前　　言

三维数字化设计正广泛地应用于动画、多媒体、游戏、影视、广告、效果图设计和建筑表现等领域。目前，在中等职业学校、高职高专等各种层次的计算机应用、数字建模和动漫设计等计算机设计类专业，均将三维动画制作等三维数字化设计类课程作为专业必修课来开设。

在众多的三维数字化设计软件中，3ds Max 是一款非常流行的专业三维动画设计与制作软件。本书主要介绍 3ds Max 2014 中文版的常用操作，包括操作界面、三维建模、二维建模、多边形建模、材质与贴图、灯光、摄影机和动画等方面的基本使用方法和操作技巧。

本书由四川省省级精品课程"三维动画制作"负责人、成都职业技术学院副教授向华主编。成都职业技术学院计算机应用技术专业长期致力于教学改革，在校企合作开展专业建设及课程建设方面成果显著，本书即是在整合"三维动画制作"精品课程建设成果的基础上，围绕"强实践、重能力、求创新"的理念编写。本书具有以下特色。

1. 以特色案例为主线

本书以融入动漫元素的特色案例为主线，融"教、学、做"为一体，通过 21 个兼具实用性与趣味性的特色案例，介绍了 3ds Max 2014 中文版在建模、材质、灯光、摄影机和动画等方面的基本使用方法和操作技巧。在案例的选材与设计上，既注重对相关知识点的涵盖，又注重实用性、趣味性以及可拓展性。

2. 强调实际操作技能的训练

本书在每一章的末尾均通过"实操训练"给出了上机实训任务。全书共提供了 18 个精彩的实操训练任务，其中包含技能训练重点以及操作提示，突出了对实际操作能力的培养。

3. 配套教学资源完整

为了方便教师教学以及学生自学，本书提供了完整的配套教学资源，内容详见下表。

本书配套教学资源一览表

教学资源目录	内　　容
案例文档	所有案例的实施结果
案例素材	部分案例制作过程中所需的图片素材
场景	部分案例以及实操训练所需要的场景文件
材质	各类常用材质贴图
实操训练	实操训练的操作结果
微课录屏	部分案例操作讲解视频

编　者

目　　录

电子课件获取方式

第 1 章　开始 3ds Max 三维动画之旅 1
1.1　案例 1：制作三维文字动画——
　　　初识 3ds Max 1
　　1.1.1　三维动画制作基本流程 1
　　1.1.2　3ds Max 2014 中文版的工作
　　　　　界面 2
　　1.1.3　对象的基本操作 12
　　1.1.4　案例制作：三维文字动画 19
1.2　实操训练 25
　　1.2.1　倾斜下滑的茶壶 25
　　1.2.2　滚动的足球 26

第 2 章　三维基本体建模 28
2.1　案例 2：小闹钟建模——
　　　使用三维基本体构造模型 28
　　2.1.1　标准基本体 28
　　2.1.2　扩展基本体 38
　　2.1.3　案例制作：小闹钟建模 44
　　2.1.4　知识拓展：复合对象 47
2.2　案例 3：平顶房子建模——
　　　使用建筑对象 51
　　2.2.1　建筑对象 51
　　2.2.2　AEC 扩展 52
　　2.2.3　案例制作：平顶房子建模 53
2.3　实操训练 56
　　2.3.1　户外长凳建模 56
　　2.3.2　搭建室外场景 58

第 3 章　二维图形建模 61
3.1　案例 4：卡通小屋建模——
　　　创建和编辑二维图形 61

　　3.1.1　创建二维图形 61
　　3.1.2　二维图形的公共参数 62
　　3.1.3　创建二维图形的命令 63
　　3.1.4　编辑二维图形 69
　　3.1.5　案例制作：卡通小屋 72
　　3.1.6　知识拓展：二维到三维的
　　　　　常用修改器 77
3.2　案例 5：花瓶建模——使用"车削"
　　　修改器产生三维模型 79
　　3.2.1　"车削"修改器 79
　　3.2.2　案例制作：花瓶 80
3.3　案例 6：饮料瓶建模——
　　　创建放样复合对象 82
　　3.3.1　"放样"命令 82
　　3.3.2　案例制作：饮料瓶 84
　　3.3.3　知识拓展：放样变形 87
3.4　实操训练 88
　　3.4.1　罐子 88
　　3.4.2　卡通路灯 88

第 4 章　模型编辑 91
4.1　案例 7：弯曲文字建模——
　　　使用"弯曲"修改器 91
　　4.1.1　修改器堆栈 91
　　4.1.2　案例制作：弯曲文字模型 92
　　4.1.3　知识拓展：常用修改器 95
4.2　案例 8：水桶建模——可编辑网格 ... 102
　　4.2.1　三维模型的子对象 102
　　4.2.2　软选择 104
　　4.2.3　案例制作：水桶 105
4.3　实操训练 108
　　4.3.1　足球建模 108

　　　4.3.2　山地地形建模 109

第5章　材质和贴图 111

5.1　案例9：彩色陶瓷和平板玻璃材质——
　　　材质基本参数 111
5.1.1　材质编辑器 111
5.1.2　案例制作：设置基本材质 114
5.1.3　知识拓展1："明暗器基本
　　　参数"卷展栏 117
5.1.4　知识拓展2："Blinn 基本
　　　参数"卷展栏 119

5.2　案例10：印花布和青花瓷材质——
　　　漫反射贴图 121
5.2.1　贴图材质 121
5.2.2　案例制作：设置纹理图案 125
5.2.3　知识拓展：贴图坐标 129

5.3　案例11：玻璃花瓶材质——
　　　反射贴图和折射贴图 131
5.3.1　贴图通道 131
5.3.2　案例制作：设置曲面玻璃
　　　材质 134

5.4　案例12：漫画风格——Ink'n Paint
　　　材质 136
5.4.1　Ink'n Paint 材质 136
5.4.2　案例制作：实现漫画风格
　　　图像 138
5.4.3　知识拓展：复合材质 141

5.5　实操训练 145
5.5.1　给饮料瓶设置材质 145
5.5.2　Substance 材质应用 147

第6章　灯光 151

6.1　案例13：卡通小屋的夜晚光效——
　　　使用聚光灯和泛光灯 151
6.1.1　3ds Max 2014 的灯光类型 151
6.1.2　案例制作：夜晚光效 153

6.1.3　知识拓展1：灯光的常用
　　　参数 158
6.1.4　知识拓展2：光度学灯光 164
6.1.5　知识拓展3：常用布光法 165

6.2　案例14：电影放映机的光束——
　　　使用体积光 166
6.2.1　体积光 166
6.2.2　案例制作：设置可见光束 167
6.2.3　知识拓展：体积光的参数 170

6.3　实操训练 171
6.3.1　白天室内光效 171
6.3.2　神秘的油灯 173

第7章　摄影机 176

7.1　案例15：特写镜头——
　　　摄影机景深特效 176
7.1.1　3ds Max 2014 的摄影机
　　　类型 176
7.1.2　摄影机的常用参数 177
7.1.3　摄影机的景深参数 178
7.1.4　案例制作：景深特效 179
7.1.5　知识拓展：摄影机视图的
　　　调整控制按钮 181

7.2　实操训练 182
7.2.1　海岸场景取景 182
7.2.2　摄影机动画 184

第8章　动画制作 185

8.1　案例16：变换的灯光——使用自动
　　　关键点模式制作基本动画 185
8.1.1　动画基础 185
8.1.2　案例制作：设置关键帧 188
8.1.3　知识拓展：查看关键点 189

8.2　案例17：向前蹦跳的青蛙——
　　　使用曲线编辑器 190
8.2.1　曲线编辑器 190

         8.2.2 案例制作：蹦跳的青蛙......... 191
   8.3 案例 18：行驶的小车——
        使用正向运动学设置动画................ 194
         8.3.1 链接 194
         8.3.2 案例制作：行驶的小车......... 195
   8.4 案例 19：场景漫游——路径约束 197
         8.4.1 动画控制器 197
         8.4.2 案例制作：场景漫游............ 197
         8.4.3 知识拓展：路径约束
                控制器的参数 199
   8.5 实操训练 200
         8.5.1 飞机飞过波光粼粼的海面..... 200
         8.5.2 户外场景的动画.................. 201

第 9 章 粒子系统和空间扭曲 204
   9.1 案例 20：雨景——使用喷射粒子 204

         9.1.1 粒子系统............................ 204
         9.1.2 案例制作：雨景.................. 205
         9.1.3 知识拓展 1：喷射粒子的
                主要参数............................ 207
         9.1.4 知识拓展 2：雪粒子的
                主要参数............................ 207
   9.2 案例 21：喷泉——使用超级喷射
        粒子和重力空间扭曲........................ 208
         9.2.1 超级喷射粒子的主要参数..... 208
         9.2.2 案例制作：喷泉.................. 210
         9.2.3 知识拓展：空间扭曲............ 214
   9.3 实操训练 223
         9.3.1 飘落的叶片 223
         9.3.2 绽放的礼花 224

参考文献 228

案例素材

材质

实操训练

场景

案例文档

第 1 章　开始 3ds Max 三维动画之旅

【本章导读】

Autodesk 公司推出的 3ds Max 是一款优秀并享有盛誉的三维设计软件，也是目前全球用户数量最多的三维设计软件，其功能集建模、材质及贴图、光效设计、动画制作、渲染与合成于一体。3ds Max 广泛应用于影视广告设计、建筑装潢设计、工业设计、影视特效、虚拟现实场景设计等领域。3ds Max 2014 与之前的版本相比，其建模、材质绘制等工具的功能有所增强。

本章重点展示 3ds Max 2014 中文版的概貌，并通过一个简单的入门动画介绍 3ds Max 2014 的基本功能、一般工作流程和工作界面，以及选择对象、变换对象、克隆对象等最常用和最基本的操作。

【内容要点】

1. 3ds Max 的一般工作流程。
2. 3ds Max 的操作界面。
3. 对象的选择和变换。
4. 克隆、镜像及对齐工具的应用。

1.1　案例 1：制作三维文字动画——初识 3ds Max

1.1.1　三维动画制作基本流程

3ds Max 的发展历经了 10 多个版本，几乎每一个版本的推出都较以前有飞跃式的革新。但无论使用哪一个版本，甚至无论使用哪一种三维设计软件，制作三维动画的流程都是相同的。

三维动画制作的基本流程如下。

三维动画制作
基本流程

1. 编制脚本

脚本是动画的基础，需要在脚本中确定动画的每一个情节，并绘制造型设计及场景设计的草图。

2. 创建模型

根据前期的造型设计及场景设计，完成相关模型的创建。这是三维动画制作中很繁重也很关键的一项工作。在 3ds Max 中创建模型时，可以从三维几何基本体开始，也可以使用二维图形作为放样或挤出对象的基础，还可以将对象转变成多种可编辑的曲面类型，然后通过拉伸顶点和使用其他编辑工具进一步建模。

常用的三维建模软件除了 3ds Max 外，还有 Rhino(犀牛)、Maya、SolidWorks 等。

3. 使用材质及贴图

给模型指定材质及贴图，可使模型具有逼真的、生动的视觉效果。材质即材料的质地，具体体现在物体的颜色、透明度、反光度、反光强度、自发光及粗糙程度等特性上。贴图是指把二维图片通过软件的计算贴到三维模型上，形成表面细节和结构。

在 3ds Max 中可以轻松完成材质及贴图的相关操作。

4. 设置灯光和摄影机

灯光起着照明场景、投射阴影及增添氛围的作用，可以创建各种属性的灯光来为场景提供生动的照明效果。

创建摄影机的目的是实现镜头效果，同时也方便场景的观察。摄影机的位置变化也能使画面产生动态效果。在 3ds Max 中创建的摄影机像在真实世界中一样，控制镜头的长度和视野，以及实现镜头的平移、推拉等功能。

5. 制作动画

根据脚本中的动画设计，对已完成的造型和场景制作一个个动画分镜头。在 3ds Max 中，简单的动画可直接通过动画控制区的相关按钮进行制作，而较复杂的动画则需要通过动画曲线编辑器和动画控制器来实现。

6. 渲染动画

三维动画必须经过渲染才能输出，从而得到最后的静态效果图或动画。渲染由渲染器来完成，不同的渲染器提供了不同的渲染质量，渲染质量越高，渲染所需的时间也就越长。

使用 3ds Max 内置的渲染器不仅可以给场景着色，而且还能实现光线跟踪、运动模糊、体积光照明和环境效果。

7. 动画后期合成

后期合成是指按照脚本的要求，利用非线性编辑软件将各个动画分镜头连在一起，从而生成动画影视文件。在后期合成的过程中，可以加入声音、字幕，以及设置视频特效等。对影视类三维动画而言，后期合成是必不可少的环节。

常用的非线性编辑软件为 Adobe Premiere。3ds Max 内置的 Video Post 也提供了视频后期处理及图像合成等功能。

1.1.2　3ds Max 2014 中文版的工作界面

安装 3ds Max 2014 之后，双击桌面上的快捷方式图标 ，即可启动 3ds Max 2014。3ds Max 2014 中文版的工作界面如图 1-1 所示，由标题栏、菜单栏、工具栏、视图区、命令面板、状态栏、动画控制区、视图导航区 8 个部分构成。

1. 标题栏

标题栏位于工作界面的最顶部。刚启动 3ds Max 2014 中文版时，标题栏的右端显示"无标题"。当在 3ds Max 2014 中保存了当前场景，或是打开一个已有的 Max 文件时，标题栏中将显示出该文件的名字。

图 1-1　3ds Max 2014 中文版的工作界面

2. 菜单栏

菜单栏位于标题栏下方，其中共有"编辑""工具""组""视图""创建"等 12 个菜单项，每个菜单项中又包含了很多命令项。各项菜单的功能如下。

(1) "编辑"菜单：用于对场景中的物体进行选择、编辑、暂存和取回、撤销和重做等操作，以及对象的移动、旋转和缩放等变换操作。"编辑"菜单中的常用命令如下。

- "撤销"："撤销"命令与工具栏中的 按钮作用相同，用于撤销上一次的操作。撤销级别的默认值为 20，即可连续撤销前面 20 次操作。使用"自定义/首选项"菜单可以设置撤销级别，撤销级别的值越大，就越需要更多的系统资源。
- "重做"："重做"命令与工具栏中的 按钮作用相同，用于重做刚才撤销的操作。
- "暂存"和"取回"："暂存"命令可以将场景的当前状态临时保存到缓冲区中，使用"取回"命令即可恢复用"暂存"命令保存的场景状态。

"暂存"和"取回"是两个十分有用的命令。如果对即将执行的某一操作把握不大，担心会因该操作的失误而影响全局，那么就可以在执行该操作之前，使用"暂存"命令暂存当前的状态，以后再根据需要使用"取回"命令恢复保存的状态。

(2) "工具"菜单：提供了场景资源管理器，以及镜像、阵列、对齐、快照等常用工具。

(3) "组"菜单：用于对场景中的对象进行成组、分解组、打开组、分离组、炸开组等操作。

(4) "视图"菜单：提供了用于设置和控制视图的有关命令，如设置 ViewCube、设置视图背景等。使用鼠标右键单击视图标签也可以访问该菜单上的某些命令。

(5) "创建"菜单：用于创建标准基本体、扩展基本体、灯光、摄影机、粒子系统等各类对象，这些创建命令都可以在屏幕右侧的"创建"命令面板中找到。

(6)"修改器"菜单：提供了对物体进行修改编辑的所有命令，并对这些命令按其不同作用进行了分类。大部分命令与"修改"命令面板中"修改器列表"内的命令相同。

(7)"动画"菜单：提供了各类动画控制器，用于控制和设置动画。

(8)"图形编辑器"菜单：包含了轨迹视图和图解视图的相关命令，用于对动画进行控制。

(9)"渲染"菜单：提供了渲染、环境、效果、光能传递设置、材质编辑器等功能，使用其中的 Video Post 视频后期处理程序还可合成场景和图像。

(10)"自定义"菜单：让用户按照自己的喜好和习惯自定义 3ds Max 的用户界面，包括定制快捷键、定制菜单和颜色等。

(11) MAXScript 菜单：MAXScript 是 3ds Max 的内置脚本语言，该菜单提供与脚本相关的命令，如新建、打开、运行脚本等。

(12)"帮助"菜单：提供了 3ds Max 的各类在线帮助，该菜单对 3ds Max 初学者来说非常有用。例如，使用"Autodesk 3ds Max 帮助"命令，可打开 3ds Max 的在线帮助文档；使用"欢迎屏幕"命令，可打开图 1-2 所示的对话框，其中的"基本技能影片"介绍了 3ds Max 的基本操作；使用"教程"命令可显示一些动画案例的制作教程。

除了以上介绍的 12 个菜单项外，还有一个常用的"文件"菜单。单击 3ds Max 2014 工作界面左上角的图标，即可打开"文件"菜单，如图 1-3 所示。

图 1-2 基本技能影片

图 1-3 "文件"菜单

- "新建"：该命令将清除当前场景中的内容，并新建一个 Max 文件。
- "重置"：该命令将清除当前场景中的所有内容及数据，并使系统恢复成启动时的默认状态。
- "打开"：该命令用于打开一个扩展名为.max 的场景文件。选择该命令后，即弹出"打开文件"对话框，可在该对话框中选择要打开的场景文件。
- "保存"和"另存为"："保存"命令用于保存当前场景文件，如果当前场景一次都没有保存过，那么将弹出一个对话框，可在该对话框中指定保存文件的位置，并为要保存的文件命名。如果当前场景文件已经存在，那么使用"保存"命令时将直接用已更新的内容覆盖原有的文件。"另存为"命令用于另存当前场景，该命令将弹出一个"文件另存为"对话框，可在该对话框中重新指定保存文件的位置，并可为要保存的文件重命名。
- "导入"：其中包含"导入""合并""替换"3 个命令。其中，"导入"命令可以将 3ds Max 的网格文件、工程文件、AutoCAD 文件、IGES 文件、Lightscape 文件等导入 3ds Max 中。"合并"命令用于将外部文件中的对象插入当前场景中。"替换"命令用于将外部文件中的对象替换为当前场景中的对象。
- "导出"：用于将当前场景文件导出为外部文件格式。可以导出的文件格式有 3ds Max 的网格文件、Adobe Illustrator 文件、AutoCAD 文件、IGES 文件、Lightscape 文件等。也可将当前场景中的选定对象导出为外部文件格式。

3．工具栏

工具栏包括快速访问工具栏和主工具栏。快速访问工具栏位于标题栏的左侧，主工具栏位于菜单栏的下方。工具栏中包含了使用频率较高的工具按钮，使用这些按钮可以快速执行某项操作。

1） 查看更多的图标按钮

主工具栏中的按钮较多，当屏幕分辨率为 1024 像素×768 像素时，并不能完全显示所有的工具按钮。如果想看到其他更多的按钮，可以把光标移到主工具栏上两个按钮之间的空白处，当光标变成手形时，按住鼠标左键左右拖动工具栏即可。

2） 主工具栏浮动面板

拖动主工具栏最左边的两条竖线，可以使主工具栏呈现浮动面板的形式，如图 1-4 所示。可以根据个人的喜好将浮动面板拖到屏幕的不同位置。双击主工具栏的标题栏，又可将其恢复到初始的位置。

图 1-4　主工具栏浮动面板

3） 按钮组

主工具栏中有一些按钮的右下角有一个小三角形，如■按钮和■按钮等。按钮右下角的小三角形表示这不是一个单独的按钮，而是一个按钮组，其中包含若干功能相似的按钮。把光标移到右下角有小三角形的按钮处，按住鼠标左键不放，即会弹出一组相似的工具按钮。例如，单击■按钮时，该按钮的下方会显示出■、○、×、■、■ 5 个按钮，这 5 个按钮分别用于以不同的区域方式选择对象。

注意，除了主工具栏内有按钮组之外，屏幕右下角的视图控制区中也有按钮组。

4) 快速访问工具栏

快速访问工具栏位于标题栏的左侧，其中提供了一些最常用的文件管理命令，如图1-5所示。

图 1-5 快速访问工具栏

- 新建场景：清除当前场景中的内容，并新建一个 Max 文件。
- 打开文件：用于打开一个扩展名为.max 的场景文件。单击该按钮后，即弹出"打开文件"对话框，可在该对话框中选择要打开的场景文件。
- 保存文件：用于保存当前场景文件。
- 撤销：用于撤销上一次的操作。
- 重做：用于重做刚才撤销的操作。
- 项目文件夹：单击该按钮可以打开一个对话框，在该对话框中可为当前场景设置项目文件夹。

5) 主工具栏中的常用按钮

- 选择对象：该按钮的功能是完成对单个或多个对象的选择。
- 按名称选择：该按钮的功能是从名称列表中选择对象。
- 选择并移动：该按钮的功能是选择并移动对象。
- 选择并旋转：该按钮的功能是选择并旋转对象。
- 选择并均匀缩放：该按钮的功能是选择并等比缩放对象。
- 捕捉开关：该按钮的功能是精确定位捕捉三维空间中满足捕捉设置条件的任意点。
- 角度捕捉切换：该按钮通常用于设置旋转操作时的角度间隔。
- 百分比捕捉切换：百分比捕捉是通用捕捉系统，适用于涉及百分比的任何操作，如缩放或挤压。默认百分比捕捉增量设置为10%。
- 镜像：对所选物体沿指定轴进行镜像翻转。
- 对齐：该按钮的功能是将选定对象沿指定轴向与目标对象进行对齐操作。
- 材质编辑器：单击该按钮可打开"材质编辑器"窗口。
- 渲染设置：单击该按钮可打开"渲染设置"对话框。
- 渲染帧窗口：单击该按钮可打开上一次的渲染帧窗口。
- 渲染产品：该按钮的功能是使用当前产品级渲染设置渲染场景。

4. 视图区

视图区是 3ds Max 的主要工作区，用于观察并操作创建的各种对象。

1) 视图的类型

启动 3ds Max 2014 后，屏幕上会出现 4 个默认的视图，即顶视图、前视图、左视图、透视图。通过这 4 个视图，可以从三维空间的 4 个不同方位观察场景，如图1-6所示。其中，顶视图提供了对三维空间中物体的俯视效果，前视图提供了三维空间中的正视效果，左视图提供了三维空间中左视物体的效果，即用户从左侧观察物体。

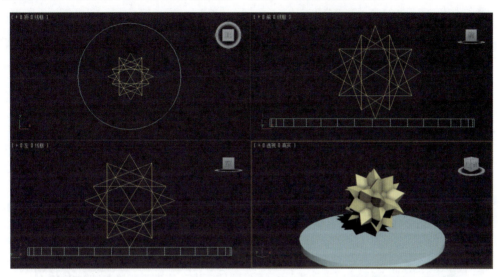

图 1-6　4 个视图

除了上述 4 个默认的视图之外，还有底视图、后视图、右视图和摄影机视图。

顶视图、前视图、左视图、底视图、后视图、右视图为正交视图。正交视图实际上是二维效果图，其中没有角度变化和透视效果，能够准确地表现物体的宽度和高度，以及对象的空间位置。结合各个正视图，能够快速完成对象在三维空间中的准确定位。

2)　活动视图

在视图区中，总有一个视图被一个黄色外框包围，这表明该视图是活动视图。在对某个视图做调整操作时，必须先使该视图成为活动视图。

在一个视图内的任一位置单击鼠标，即可使该视图成为活动视图。

3)　调整视图

可以改变视图窗口的大小，方法是将鼠标指针移到视图的边界上，然后拖动鼠标即可改变视图的大小。在视图边界上单击鼠标右键，在弹出的快捷菜单中选择"重置布局"命令，即可将视图布局恢复到默认状态。

在操作中，可以根据需要把一个视图切换成其他视图。方法是用鼠标右键单击视图左上角的视图名称，然后在弹出的快捷菜单中选择一种视图即可。也可以激活想要转变的视图(使之成为当前视图)，再按相应的快捷键即可。用于切换视图的快捷键如下：

　　T——顶视图；

　　B——底视图；

　　F——前视图；

　　K——后视图；

　　L——左视图；

　　R——右视图；

　　P——透视图；

U——正交视图；

C——摄影机视图。

4) 使用 ViewCube

ViewCube 是 3D 导航工具，通过 ViewCube 可以方便地在各种视图之间切换。默认情况下，ViewCube 显示在视图的右上角，如图 1-7 所示。

图 1-7　ViewCube

ViewCube 有两种显示状态，即非活动和活动。当 ViewCube 处于非活动状态时，默认情况下它在视图上方显示为透明，这样就不会完全遮住视图中的模型。当把光标置于 ViewCube 上方时，它将变成活动状态。这时它是不透明的，并且可能遮住视图中的模型。

单击 ViewCube 上的预定义区域或者拖动 ViewCube，可以更改当前视图。预定义区域包括角点、边和面。

- 单击 ViewCube 上的角点，可以根据模型的三个面将模型的视图更改为 3/4 视图。
- 单击 ViewCube 上的边，可以根据模型的两个面将模型的视图更改为半视图。
- 单击 ViewCube 上顶视图、底视图、前视图、后视图、左视图和右视图中的一个面，则可以将视图设置成相应的标准正交视图。
- 当 ViewCube 处于活动状态时，四周会出现三角形，单击某个三角形可以切换到该三角形所指示的相邻面。
- 将光标置于 ViewCube 上，然后拖动鼠标，可以滚动当前视图。

5) 设置视图的渲染级别

默认情况下，顶视图、前视图、左视图等正交视图中的对象以"线框"方式显示，透视图和摄影机视图中的对象以"真实"方式显示。把光标移到视图左上角的视图标签处，单击鼠标右键，即可在弹出的快捷菜单中选择其他显示方式，如图 1-8 所示，使用其中的"样式化"命令，还可以设置"彩色铅笔""墨水"等特殊的显示效果。图 1-9 显示了几种显示方式效果的对比。

图 1-8　选择视图的其他显示方式

图 1-9　几种常用显示方式效果的对比

5. 命令面板

命令面板位于 3ds Max 界面的右侧，是 3ds Max 的核心部分，其中包括创建对象及编辑对象的常用工具、命令以及相关参数。

1) 6类命令面板

3ds Max 2014提供了6类命令面板，分别用命令面板最上层的6个图标按钮进行切换，如图1-10所示。其中，单击"创建"按钮，打开"创建"命令面板后，该按钮下方又会出现7个子图标，如图1-11所示。这7个子图标分别用于创建不同类型的对象，例如，单击"几何体"按钮，可打开创建三维几何体的命令面板(本书将以"创建/几何体"的形式表示该命令面板)，单击"图形"按钮，可打开创建二维图形的命令面板。

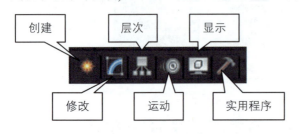

图1-10　切换不同命令面板的6个按钮　　　图1-11　"创建"命令面板中的子图标

2) 卷展栏

命令面板内的所有命令按钮和各类参数都被分类组织在不同的卷展栏中，如"创建/几何体"命令面板中的"对象类型"卷展栏，其中包含用于创建各种三维几何体的命令按钮，如"长方体""圆锥体""球体""圆环"等，如图1-12所示。选择"对象类型"卷展栏中的"长方体"命令后，命令面板的下面又会出现长方体相关参数的卷展栏，如图1-13所示。

图1-12　命令面板中的卷展栏　　　图1-13　"参数"卷展栏

卷展栏名称"对象类型"前面的符号"-"，表示该卷展栏已经展开，单击卷展栏名称，即可使该卷展栏折叠起来，这时符号"-"会变成"+"。相反，单击含有符号"+"的卷展栏名称，则会使该卷展栏展开。

当命令面板的内容太多而不能全部显示出来时，可以将光标移到命令面板的空白处，当光标变成手形时，按住鼠标左键并上下拖动鼠标，即可显示出命令面板的其余内容。

6. 状态栏

状态栏位于3ds Max 2014主界面的底部左侧，如图1-14所示。状态栏提供了有关场景和活动命令的提示及状态信息，其中的坐标显示区域中可以输入变换值。对模型进行移动、旋转或缩放操作时，X、Y、Z 文本框内会显示出模型沿 X 轴、Y 轴和 Z 轴三个方向的位移、角度或缩放变化值。

图 1-14 状态栏

7. 动画控制区

动画控制区位于状态栏的右边，使用其中的按钮可以录制动画、选择关键帧、播放动画以及控制动画时间等。在后面的第 8 章，将详细介绍动画控制区中各个按钮的用途。

8. 视图导航区

视图导航区位于 3ds Max 2014 主界面的右下角，其中提供的一组图标按钮主要用于缩放视图中的显示图形，以及调整视图的观察角度。

视图导航区中的控件按钮取决于活动视图。透视图、正交视图、摄影机视图和灯光视图都拥有其特定的控件。活动视图是顶视图、前视图、左视图等正交视图时，视图导航区中的按钮如图 1-15①所示；活动视图是透视图时，视图导航区中的按钮如图 1-15②所示；活动视图是摄影机视图时，视图导航区中的按钮则如图 1-15③所示。

①正交视图的控制按钮　　②透视图的控制按钮　　③摄影机视图的控制按钮

图 1-15 视图导航区

视图导航区中的常用按钮功能如下。

1) 缩放单个视图

单击该按钮后，在某一视图中按住鼠标左键并上下拖动，可放大或缩小场景的显示。

2) 缩放所有视图

单击该按钮后，在任一视图中按住鼠标左键并上下拖动，可放大或缩小所有视图的场景显示。

3) 最大化显示选定对象

单击该按钮后，活动视图中的选定对象以最大化方式居中显示。注意这是一个按钮组，其中还包含了另一个按钮 ，即"最大化显示"，其功能是使活动视图中的所有可见对象以最大化方式居中显示。

4) 所有视图最大化显示

单击该按钮后，将在所有视图中最大化显示所有可见对象，其快捷键为 Shift+Ctrl+Z。该按钮组中的另一个按钮是 "所有视图最大化显示选定对象"，其功能是在所有视图中最大化显示选定的对象。

5) ▣ 缩放区域

单击该按钮后，可在顶视图、前视图和左视图等任一正交视图内拖动鼠标，形成一个矩形区域，被围在矩形区域内的物体会放大至整个视图显示。缩放区域按钮对于局部观察模型和修改模型的细节非常有用，其快捷键为Ctrl+W。

6) ▣ 平移视图

单击该按钮后，可以在与当前视图平面平行的方向移动视图。

7) ▣ 环绕

单击该按钮后，活动视图中会出现一个以黄色圆圈显示的用于控制视图旋转的轨迹球，可以在圈内、圈外以及圆圈上的4个控制柄处拖动鼠标来旋转视图，以改变场景的观察角度。该按钮主要用于对透视图的调整，其快捷键为Alt+鼠标中键。

8) ▣ 最大化视口切换

单击该按钮后，活动视图会切换至全屏显示，再次单击该按钮则会恢复到原来的视图显示状态，其快捷键为Alt+W。

9) ▣ 视野

该按钮是透视图和摄影机视图的控件。单击该按钮后，在透视图中上下拖动鼠标，将改变观察区域(视野)的大小。视野越大，就可以看到更多的场景，而透视会扭曲，这与使用广角镜头相似；视野越小，看到的场景就越少，而透视会展平，这与使用长焦镜头相似。

1.1.3 对象的基本操作

1. 选择对象

如果想对某个对象进行修改操作，那么必须先在场景中选择该对象。3ds Max 2014 提供了多种选择对象的方法，其中常用的选择对象的方法如下。

选择场景中的对象

1) 单击选择对象

使用工具栏中的 ▣、▣、▣ 或 ▣ 按钮，均可在视图中单击选择对象。被选中的对象在视图中以白色线框显示，或是被一个白色的边框包围。

可以同时选择多个对象，方法是按住 Ctrl 键后再分别单击不同的对象。如果想取消对某对象的选择，则可按住 Alt 键单击该对象。

2) 区域选择对象

工具栏中的区域选择工具提供了更加灵活方便的方式来选择多个对象。当单击工具栏中的 ▣、▣、▣ 或 ▣ 按钮时，可在视图中拖动鼠标形成一个选择框，被选择框包围的对象都会被选中。

与区域选择对象相关的工具按钮有两组，一个是定义选择区域形状的按钮组，另一个是"窗口/交叉"按钮组。

(1) 定义选择区域形状的按钮组▣，该按钮组中包含以下5个定义不同选择区域形状的按钮。

- ▣ 矩形选择区域。选择该按钮时，在视图中拖动鼠标将形成一个矩形选择框。
- ▣ 圆形选择区域。选择该按钮时，在视图中拖动鼠标将形成一个圆形选择框，常用于放射状的区域选择。
- ▣ 围栏选择区域。选择该按钮时，在视图中通过交替使用鼠标移动和单击操作(从拖动鼠标开始),可以画出一个不规则的多边形选择框。
- ■ 套索选择区域。选择该按钮时,在视图中拖动鼠标将创建一个不规则选择区域轮廓。
- ■ 绘制选择区域。选择该按钮时,在视图中拖动鼠标将出现一个小的圆形图标,该圆形图标触及的对象都将被纳入到所选范围之内。

(2) "窗口/交叉"按钮组。

工具栏中的 ■ 和 ■ 按钮提供了两种不同的选择模式。这两个按钮可以通过单击进行切换。
- ■ 窗口。该模式表示只选择完全位于选择区域之内的对象。
- ■ 交叉。该模式表示选择位于选择区域内以及与选择区域边界交叉的所有对象。

3) 按名称选择对象

当场景中包含的对象较多时,用单击选择或区域选择的方法常常难以快速准确地选中对象,这时就可以采用按名称选择对象的方法。

单击工具栏中的"按名称选择"按钮 ■,弹出图 1-16 所示的"从场景选择"对话框,该对话框中显示了场景内所有对象的名称,单击对象名称再单击"确定"按钮,即可选定该对象。

注意,创建对象时,系统会为其赋予一个默认的对象名称,如"Box001"。当场景包含的对象较多时,最好在命令面板的"名称和颜色"卷展栏中,给每一个创建的对象都取一个见名知义的名称。

4) 选择过滤器

利用工具栏中的"选择过滤器"按钮 ■,可以屏蔽其他物体,而仅对特定类型的对象进行准确选择。其默认设置为"全部",即不产生过滤效果。单击"全部"右侧的下拉按钮,可以根据需要选择一种过滤方式,如图 1-17 所示。该工具适用于在复杂场景中对某一类型的对象进行单独选择并操作。例如,如果只想选择场景中的灯光,则可在选择过滤器中单击"L-灯光"。

图 1-16 "从场景选择"对话框

图 1-17 选择过滤器

5) 建立选择集

可以为当前选定的一组对象指定一个选择集名称,以后就可通过从工具栏的"创建选择集"列表中选取其名称来重新选择这组对象。该工具在对模型的多组子对象进行编辑操作时非常有用。

建立选择集的方法是:选定一个或多个对象,然后在工具栏的"创建选择集"文本框中输入选择集名称,最后按 Enter 键即可。

2. 组合对象

可以将场景中的两个或多个对象创建为一个组对象。将对象成组后,可以将其视为场景中的单个对象,单击组中的任一对象即可选择整个组对象。

1) 定义组

定义组的操作步骤如下。

① 选择两个或多个对象。

② 在菜单栏中选择"组/组"命令,然后在打开的"组"对话框中输入该组的名称,最后单击"确定"按钮即可,如图 1-18 所示。

图 1-18 "组"对话框

2) 打开与关闭组

如果想对一个组中的某个对象进行操作,则可先打开该组。打开组的操作步骤如下。

① 选择一个组。

② 在菜单栏中选择"组/打开"命令,这时组对象周围会出现一个粉红色的边界框,此时即可访问组中的各个对象。

如果要重新组合打开的组,则使用"组/关闭"命令即可。

3) 分解组

在菜单栏中选择"组/解组"和"组/炸开"命令,都可分解组。但当一个组对象的成员中包含另一个组(即嵌套组)时,"解组"命令并不能使嵌套组分解,而"炸开"命令则可以分解所有的嵌套组。

3. 对象变换

对象变换操作包括移动对象、旋转对象和缩放对象,在创建模型及搭建场景的过程中经常需要用到。在进行变换操作时,锁定不同的坐标轴或使用不同的变换中心,都将对操作结果产生较大的影响。

对象的变换

1) 移动

使用工具栏中的 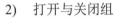 按钮(快捷键为 W),可以选择并移动对象。从不同的视图中可以观察到所选对象处会出现一个有 3 个轴的坐标系图标,即移动操纵轴(也称为移动 Gizmo),如图 1-19 所示。其中,红色箭头的轴为 X 轴,绿色箭头的轴为 Y 轴,蓝色箭头的轴为 Z 轴。

将光标移到某一坐标轴上使之变成黄色显示,即可将移动操作锁定在该坐标轴的方向上。同样,将光标移到 XY、YZ 或 ZX 坐标平面上,所选坐标平面会以黄色显示,这时移动操作将锁定在所选坐标平面内。按 X 键可以显示或隐藏操纵轴。按"+"和"−"键可以调节操纵轴的大小。

如果想将对象准确地移动某一距离，则可在 ⊕ 按钮处单击鼠标右键，弹出"移动变换输入"对话框，如图 1-20 所示，可在其中输入数值来改变对象的位置。

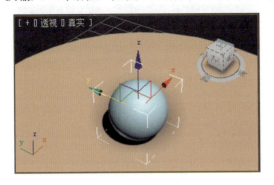

图 1-19　移动操纵轴

图 1-20　"移动变换输入"对话框

2) 旋转

使用工具栏中的 ↻ 按钮(快捷键为 E)，可以选择并旋转对象。这时对象处会出现圆环状的坐标系图标，即旋转操纵轴(也称为旋转 Gizmo)，如图 1-21 所示。把光标移到其中的蓝色圆环线上，可使旋转操作围绕 Z 轴进行；把光标移到红色圆环线上，可使旋转围绕 X 轴进行；把光标移到绿色圆环线上，则可使旋转围绕 Y 轴进行。

在 ↻ 按钮处单击鼠标右键，可在弹出的"旋转变换输入"对话框中通过输入数值来改变对象的旋转角度，如图 1-22 所示。

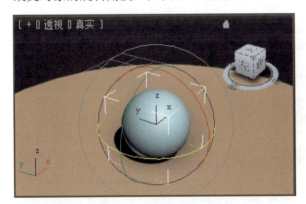

图 1-21　旋转操纵轴

图 1-22　"旋转变换输入"对话框

旋转对象时，如果想以固定的角度值进行旋转，则可以单击工具栏中的"角度捕捉切换"按钮 ⌂，开启角度捕捉功能，默认的捕捉角度是 5°。右击 ⌂ 按钮，可打开"栅格和捕捉设置"对话框，在其中的"角度"栏中，可以根据需要设置捕捉角度值，如图 1-23 所示。

3) 缩放

使用工具栏中的 ▣ 按钮组(快捷键为 R)，可以选择并缩放对象。这时对象处会出现缩放操纵轴(也称为缩放 Gizmo)，如图 1-24 所示。将光标移到不同的坐标轴上再拖动鼠标，可以在不同的方向上对物体进行缩放。

图 1-23 "栅格和捕捉设置"对话框

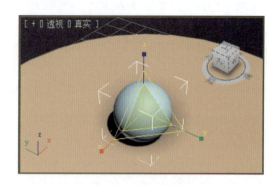

图 1-24 缩放操纵轴

该按钮组中包含以下 3 个缩放工具。

- ▣ 选择并均匀缩放。该按钮可以沿 X、Y、Z 三个轴均匀缩放对象,同时保持对象的原始比例。
- ▣ 选择并非均匀缩放。该按钮可以限制对象围绕 X 轴、Y 轴或 Z 轴或者任意两个轴进行缩放。
- ▣ 选择并挤压。该按钮使对象在一个轴上缩放时,在另两个轴上进行相反的缩放,同时保持对象的原有体积。

对同一茶壶进行 3 种不同缩放操作的效果,如图 1-25 所示。

图 1-25 3 种缩放效果

4) 使用变换中心

变换中心的选择将对旋转操作和缩放操作产生影响,特别是在进行旋转操作时,轴心的位置至关重要。

通过工具栏中的按钮组 ▣,可以选择变换操作的轴心。该按钮组中包含以下 3 个按钮。

- ▣ 使用轴点中心。选择该按钮时,对象绕其轴点进行旋转或缩放。
- ▣ 使用选择中心。当选定了多个对象时,该按钮使用所选对象的共同中心为变换中心。
- ▣ 使用变换坐标中心。该按钮使用当前坐标系的中心为变换中心。

默认情况下,选定单个对象时,变换中心被设置为"使用轴点中心"。当选择多个对象时，默认变换中心会更改为"使用选择中心"。更改变换中心时，变换操纵轴坐标的原点会移到指定变换中心的位置。

4．克隆对象

克隆对象是一种非常有用的建模技术。在复杂场景的设计中，常常需要制作若干相同的模型，这就可以用克隆对象的方法来实现。通过克隆对象，可以大大减少重复操作，提高在 3ds Max 中的工作效率。

1) 使用"编辑/克隆"菜单命令克隆对象

(1) 在视图中选择要克隆的对象。

(2) 在菜单栏中选择"编辑/克隆"命令，或按快捷键 Ctrl+V，弹出图 1-26 所示的"克隆选项"对话框。

对话框中的常用参数如下。

- 复制。该选项生成与原始对象完全独立的复制品。
- 实例。该选项生成与原始对象有关联的复制品。对原始对象进行编辑修改时，"实例"对象也会发生相同的改变；反之，对"实例"对象进行编辑修改时，原始对象同样也会发生相同的改变。
- 参考。该选项生成的克隆对象与原始对象有着单向联系。当编辑修改原始对象时，"参考"对象会发生相同的改变，而对"参考"对象进行编辑修改时，则不会影响原始对象。
- 名称。可在名称文本框中输入克隆产生的新对象的名称。

(3) 在对话框中选择一种克隆对象的形式，并在名称文本框中输入克隆对象的名称，最后单击"确定"按钮即可。

2) 执行变换操作时克隆对象

按住 Shift 键的同时执行移动、旋转或缩放变换操作，也可克隆对象。这种情况下弹出的"克隆选项"对话框如图 1-27 所示，与图 1-26 相比，图 1-27 所示的对话框中增加了一个"副本数"选项，可在微调框中输入克隆的数量。应用这种方法，可以快速克隆出多个对象，如图 1-28 所示。

图 1-26 "克隆选项"对话框(1)

图 1-27 "克隆选项"对话框(2)

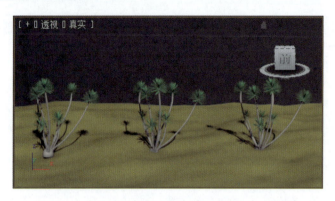

图 1-28　使用 Shift 键+移动操作克隆出的一组植物

5. 镜像工具

使用"工具/镜像"菜单命令或工具栏中的"镜像"按钮 ，可生成所选对象的对称体，即镜像，如图 1-29 所示。

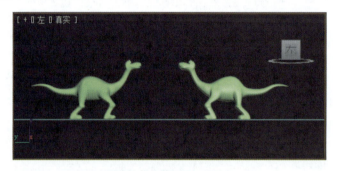

图 1-29　镜像对象

镜像操作常用于创建对称的模型，其操作步骤如下。

(1) 选择要镜像的对象，再单击工具栏中的"镜像"按钮 ，弹出图 1-30 所示的"镜像"对话框。

对话框中的常用参数如下。

- 镜像轴。可选择以 X 轴、Y 轴、Z 轴中的任一轴作为镜像对称轴，或选择 XY、YZ、ZX 平面为镜像对称平面。"偏移"是指镜像对象中心与原始对象中心之间的距离。
- 克隆当前选择。设置克隆类型，若选中"复制""实例"或"参考"单选按钮，则可在镜像对象的同时创建克隆对象。

(2) 在对话框中根据需要设置镜像参数，最后单击"确定"按钮。

图 1-30　"镜像"对话框

6. 对齐工具

使用对齐工具可以使当前对象与目标对象进行对齐，以便在不同的对象之间精确定位。如图 1-31 所示，三只恐龙在 Y 轴方向上按最小值对齐。

图 1-31　对齐对象

对齐对象的操作步骤如下。

(1) 选择要与目标对象对齐的源对象。

(2) 单击工具栏中的"对齐"按钮，或选择"工具/对齐"菜单命令，再单击要对齐的目标对象，弹出图 1-32 所示的"对齐当前选择"对话框。注意，目标对象的名称会出现在对话框的标题栏中。

对话框中的常用参数如下。

- X 位置、Y 位置、Z 位置。用于设置源对象与目标对象在哪个轴的方向上对齐。可选择其中一项或三项的任意组合，同时启用三个选项时，可以将源对象移动到目标对象的位置。

- 最小、中心、轴点、最大。用于指定对象边界框上用于对齐的点。即当前所选的源对象与目标对象在对齐轴方向上分别按边界框最小值、几何中

图 1-32　"对齐当前选择"对话框

心、轴点、边界框最大值进行对齐。例如，要将茶壶准确地放置在桌面上，则应该在 Y 位置上将茶壶的最小值与桌面的最大值对齐。

1.1.4　案例制作：三维文字动画

【案例内容】

制作"三维"和"动画"两组文字分别从画面两侧飞入镜头，然后两组文字逐渐放大的动画。具体效果请参见本书配套资源"案例文档"文件夹中的文件"案例 1.max"和"案例 1.avi"，其静态渲染效果如图 1-33 所示。

图 1-33　三维文字动画

【操作要点】

(1) 命令面板的基本操作。

(2) 对象的选择、移动和缩放。

(3) 创建文字模型。

(4) 设置基本材质。
(5) 创建摄影机。
(6) 制作模型移动和缩放的动画。
(7) 渲染生成动画文件。

【操作步骤】

1. 创建三维文字模型

案例：三维文字动画 1-创建文字模型

(1) 创建文字的二维图形。启动 3ds Max 2014 后，单击屏幕右边命令面板上方的"图形"按钮 ，然后在"对象类型"卷展栏中单击"文本"按钮，这时该按钮呈蓝色显示，表示处于选中状态。在"参数"卷展栏的"文本"输入框中输入"三维"两字，再在字体列表框中选择"隶书"，并设置"大小"为 30.0，如图 1-34 所示。

(2) 将光标移到前视图中，这时光标变成十字形状。单击鼠标左键后，二维文字图形"三维"即出现在视图中，如图 1-35 所示。

图 1-34　文字图形的参数　　　　图 1-35　二维文字图形

(3) 将二维文字图形变成三维模型。确认文字图形被选定，单击命令面板上方的"修改"按钮 ，再单击"修改器列表"右侧的下拉按钮，然后选择其中的"挤出"命令。"挤出"命令的有关参数即出现在命令面板下方的"参数"卷展栏中。设置"数量"为 8，这时二维文字即转变成三维模型，如图 1-36 所示。

(4) 用相同的方法，创建"动画"两字的图形。设置大小为 30.0，字体为"隶书"。再在"修改"面板中使用"挤出"修改器，将文字图形变成三维模型。结果如图 1-37 所示。

2. 指定材质

(1) 单击工具栏右侧的"材质编辑器"按钮 或按 M 键，打开"材质编辑器"窗口。在"模式"菜单中选择"精简材质编辑器"命令，结果如图 1-38 所示。

案例：三维文字动画 2-设置材质及渲染背景

(2) 在"Blinn 基本参数"卷展栏中，单击"漫反射"色样，在打开的"颜色选择器"对话框中将漫反射颜色调整为红色，如图 1-39 所示，然后关闭"颜色选择器"对话框。这时，材质编辑器中的第一个示例球颜色变成了红色。

(3) 在"Blinn 基本参数"卷展栏中，设置反射高光的"高光级别"为 80，"光泽度"为 30，如图 1-40 所示。

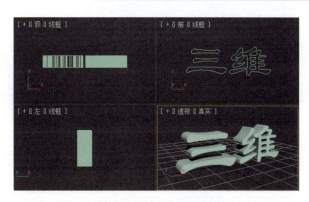

图 1-36　三维文字效果

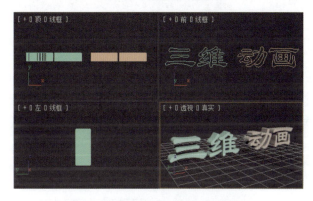

图 1-37　完成后的两组文字模型

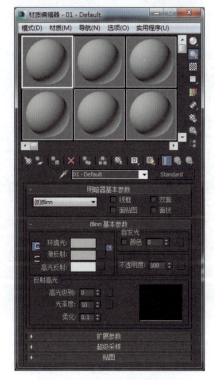

图 1-38　"材质编辑器"窗口

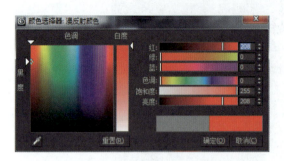

图 1-39 "颜色选择器"对话框

图 1-40 设置材质的反射高光

(4) 在任一视图中单击"三维"和"动画"两组文字模型,再在"材质编辑器"窗口中单击示例球列表下方的"将材质指定给选定对象"按钮，将红色材质指定给两组文字模型。

3. 设置渲染背景

(1) 选择"渲染/环境"菜单命令,打开"环境和效果"对话框。在"背景"栏中,单击"无"按钮,如图 1-41 所示。

(2) 在弹出的"材质/贴图浏览器"对话框中,双击图 1-42 所示的"位图"。然后在弹出的"选择位图图像文件"对话框中选择一幅天空背景图片(本书配套资源中的文件"案例素材\天空.jpg")作为动画的背景。

图 1-41 "环境和效果"对话框

图 1-42 "材质/贴图浏览器"对话框

(3) 按 M 键打开材质编辑器,将"环境和效果"对话框中"背景"栏的环境贴图拖放到材质编辑器的第二个示例球中,并在材质编辑器的"坐标"卷展栏中,设置"贴图"为

"屏幕",如图1-43所示。最后关闭"环境和效果"对话框和材质编辑器。

(4) 观察场景的渲染效果。单击透视图,再单击工具栏最右侧的"渲染产品"按钮,渲染透视图。结果如图1-44所示。

图1-43 设置"贴图"为"屏幕"

图1-44 设置背景后的渲染效果

4. 创建摄影机

(1) 单击命令面板上方的"创建"按钮,打开"创建"面板。再单击"摄影机"按钮,打开"创建/摄影机"命令面板。

(2) 单击"对象类型"卷展栏中的"目标"按钮,把光标移到顶视图的下方,再按住鼠标左键向视图中间拖动,当十字光标定位在三维文字前面时,释放鼠标左键结束操作。

(3) 激活透视图,按C键将该视图切换成摄影机视图(注意该视图左上角的"透视"变成了摄影机名"Camera001")。摄影机视图相当于现实生活中照相机或摄影机的取景框,可以从中观察到拍摄对象。

(4) 调整摄影机的位置。单击工具栏中的"选择并移动"按钮,参照图1-45,在顶视图或左视图中调整摄影机的位置。移动摄影机时注意观察Camera001视图,可以发现,当摄影机的位置发生改变时,摄影机视图中的观察角度会随之发生变化。

图1-45 摄影机的位置

5. 制作动画

动画是基于人的视觉暂留现象创建的运动图像，如果我们快速观看一系列相关联的静止画面，就会感觉这是一个连续的动作。

因此，一个动画由若干幅动作连续的画面组成，每幅单个画面称为"帧"。注意观察左视图下方的时间滑块 0/100 ，表示动画的总长度为100帧，当前帧是第 0 帧。在 3ds Max 中制作动画时，并不需要逐一设置好动画过程中的每一帧，而只需设置关键动作所在的帧(关键帧)就可以了，系统会自动生成关键帧之间的过渡画面。

案例：三维文字动画 3-设置动画

在三维文字从两侧飞入镜头的动画中，有两个关键动作，第一个是文字飞入镜头之前的起始状态，这是三维文字在第 0 帧的状态；第二个关键动作是文字飞入镜头后的状态。下面我们需要在动画的录制过程中，在第 0 帧处将文字移到镜头之外，而在第 40 帧处将文字移入镜头的范围。

三维文字飞入镜头后，还有一个逐渐放大的动画效果。录制动画时，可以在第 80 帧处使用缩放工具，将文字模型放大即可。

(1) 单击 Camera001 视图下方动画控制区中的"自动关键点"按钮，使该按钮变成深红色，进入动画录制状态。

(2) 单击工具栏中的"选择并移动"按钮，在顶视图中选择文字模型，将"三维"沿 X 轴向左移到摄影机镜头之外，将"动画"沿 X 轴向右移到镜头之外。

(3) 向右拖动左视图下方的时间滑块 0/100 至时间轴的中间位置，使上面的数字变为 40/100 ，将当前帧变成第 40 帧。

(4) 单击工具栏中的"选择并移动"按钮，在顶视图中分别将"三维"和"动画"两组文字模型移到摄影机镜头内。移动的同时注意观察摄影机视图的变化。

(5) 拖动时间滑块到第 41 帧的位置，单击屏幕下方动画控制区中的"设置关键点"按钮。

(6) 继续拖动时间滑块到第 80 帧的位置，再单击工具栏中的"选择并均匀缩放"按钮，在前视图中将两组文字模型适当放大。

(7) 单击"自动关键点"按钮，使之恢复成灰色，结束动画的录制。

(8) 预览动画。激活摄影机视图，再单击屏幕右下方动画控制区中的 ▶ 按钮，在摄影机视图中播放动画。

6. 渲染动画

(1) 激活 Camera001 视图，单击位于工具栏右侧的"渲染设置"按钮 ，弹出图 1-46 所示的"渲染设置"对话框。

图 1-46 "渲染设置"对话框

（2）在对话框的"时间输出"栏中，选中"活动时间段"单选按钮，表示渲染的范围从第 0 帧至第 100 帧。

（3）在"渲染输出"栏中，单击"文件"按钮，在弹出的对话框中选择要保存动画文件的路径，并输入动画文件的文件名"案例 1.avi"，最后单击"保存"按钮，返回"渲染设置"对话框。

（4）单击对话框底部的"渲染"按钮，开始逐帧渲染动画。动画渲染完成后，即可关闭"渲染设置"对话框。

（5）查看动画文件。选择"渲染"菜单，在弹出的级联菜单中选择"查看图像文件"命令。在弹出的对话框中选择刚生成的动画文件"案例 1.avi"，单击"打开"按钮，即可观看到动画效果。

案例：三维文字动画 4

1.2 实操训练

1.2.1 倾斜下滑的茶壶

【实训内容】

参照本书配套资源中"实操训练"文件夹中的文件"实训 1-1.avi"，制作茶壶沿着倾斜桌面下滑的动画，其静态渲染效果如图 1-47 所示。

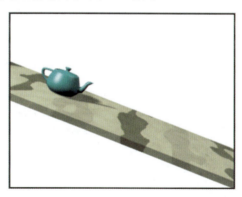

图 1-47 茶壶沿倾斜桌面下滑效果

【实训重点】

（1）熟悉在 3ds Max 中制作动画的一般流程。

（2）创建简单的三维模型。

（3）使用移动工具制作动画。

（4）渲染动画。

【操作提示】

（1）启动 3ds Max 2014 后，分别使用"创建/几何体"命令面板中的"长方体"和"茶壶"命令，在顶视图中创建一个长方体和一个茶壶。将茶壶移放到长方体的表面上。

（2）选择长方体和茶壶，并使用旋转工具在前视图中适当旋转它们，结果如图 1-48

所示。

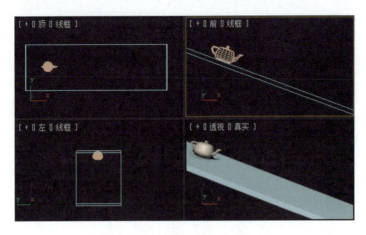

图 1-48　放在倾斜桌面上的茶壶

(3) 打开材质编辑器，按自己的喜好给桌面和茶壶指定适当的材质。

(4) 制作动画。单击透视图下方的"自动关键点"按钮，使该按钮变成深红色，进入动画录制状态。拖动时间滑块到第 100 帧处，再单击工具栏中的 按钮。在工具栏的"参考坐标系"列表中选择"局部"，然后在前视图中将茶壶沿 X 轴下移到桌面的另一端。

(5) 再次单击"自动关键点"按钮，使之恢复成灰色，结束动画的录制。

(6) 激活透视图，单击屏幕右下方的 按钮预览动画效果。

(7) 单击工具栏中的 按钮渲染动画。

(8) 选择"渲染/查看图像文件"菜单命令，打开动画文件查看动画。

1.2.2　滚动的足球

【实训内容】

参照本书配套资源中"实操训练"文件夹中的文件"实训 1-2.avi"，制作足球在草地上滚动的动画，其静态渲染效果如图 1-49 所示。

图 1-49　足球滚动动画

【实训重点】

(1) 对同一个对象设置位移动画和旋转动画。
(2) 设置简单的材质。
(3) 渲染动画。

【操作提示】

(1) 启动 3ds Max 2014 后，打开本书配套资源上"场景"文件夹中的"足球.max"文件，其中提供了一个足球模型。

(2) 地面建模。使用"创建/几何体"命令面板中的"平面"命令，在顶视图中拖动鼠标创建一个用作地面的平面模型，如图 1-50 所示。

(3) 设置地面材质。打开材质编辑器，选择第三个示例球。在"Blinn 基本参数"卷展栏中，单击"漫反射"右侧的灰色小方块按钮，在打开的"材质/贴图浏览器"对话框中，双击选择 Substance，这时，"Substance 程序包浏览器"卷展栏会出现在材质编辑器中，单击"加载 Substance"按钮，如图 1-51 所示。在弹出的"查找 Substance"对话框中双击 textures，再选择其中的"Grass_01.sbsar"，最后单击"打开"按钮。这时第三个示例球上会出现草地纹理，将其指定给场景中的地面模型。

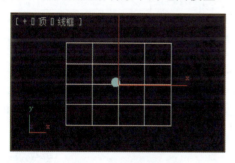

图 1-50　创建地面

图 1-51　Substance 程序包浏览器

(4) 制作动画。先在顶视图或前视图中将足球移动到地面的左端。单击透视图下方的"自动关键点"按钮，使该按钮变成深红色，进入动画录制状态。拖动时间滑块到第 100 帧处，然后单击工具栏中的 按钮，在前视图中将足球移动到地面的右端。再单击工具栏中的 按钮，根据足球向前移动距离的长短，在前视图中将足球绕 Z 轴沿前进方向(顺时针方向)适当旋转数周。

(5) 单击"自动关键点"按钮，使之恢复成灰色，结束动画的录制。
(6) 激活透视图，再单击屏幕右下方的 按钮预览动画效果。
(7) 单击工具栏中的 按钮渲染动画。
(8) 选择"渲染/查看图像文件"菜单命令，打开动画文件查看动画。

第 2 章　三维基本体建模

【本章导读】

建模是 3ds Max 2014 的一项重要功能,也是动画制作的基础,没有模型也就不会有动画。利用 3ds Max 提供的现成的几何体来构造模型是一种最简单的建模方法。3ds Max 2014 提供了两组几何体的创建命令:一组是标准基本体,如长方体、球体、圆柱体等;另一组是扩展基本体,如切角长方体、切角圆柱体、异面体等。将这些简单的三维几何模型进行连接、组合即可构造较为复杂的模型。对三维几何体进行适当的编辑修改后,还能得到更加复杂的模型。

本章重点介绍 3ds Max 2014 中标准基本体和扩展基本体的类型、创建方法,以及它们的常用参数。

【内容要点】

1. 标准基本体的有关命令及其参数。
2. 扩展基本体的有关命令及其参数。
3. 建筑对象。
4. 使用标准基本体和扩展基本体构造复杂模型。

2.1　案例 2:小闹钟建模——使用三维基本体构造模型

2.1.1　标准基本体

在 3ds Max 2014 中,"创建/几何体"命令面板的"标准基本体"子面板中,提供了 10 个创建标准基本体的命令,如图 2-1 所示,使用这些命令可以创建图 2-2 所示的标准基本体。

标准基本体和扩展基本体-渲染动画

图 2-1　"标准基本体"命令面板

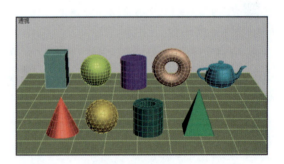

图 2-2　标准基本体

1. 长方体

使用"长方体"命令可以创建图 2-3 所示的各种长方体造型。长方体是最简单也是最常用的一种标准基本体，在场景设计中常用来制作墙壁、地板和桌面等简单模型，也常用于大型建筑物的框架构建。

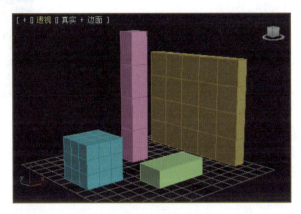

图 2-3 长方体

1) 创建长方体

(1) 打开"创建/几何体"命令面板的"标准基本体"子面板，单击"长方体"按钮。

(2) 在任意视图中按住鼠标左键并拖动，释放鼠标左键后确定长方体的长度和宽度，再上下拖动鼠标确定长方体的高度。

(3) 单击鼠标左键完成创建长方体的操作。

2) 创建立方体

(1) 单击"长方体"按钮后，在图 2-4 所示的"创建方法"卷展栏中选择"立方体"选项。

(2) 在视图中拖动鼠标即可完成立方体的创建。

除了可以通过拖动鼠标的方式来创建标准基本体外，还可以使用键盘，在图 2-5 所示的"键盘输入"卷展栏中输入标准基本体的大小和坐标来创建。采用键盘输入的方式可以精确地创建对象，但不如拖动鼠标的方式直观方便。

图 2-4 "创建方法"卷展栏

图 2-5 "键盘输入"卷展栏

3) 长方体的参数

"长方体"命令的参数如图 2-6 所示。

- 长度：设置长方体的长度。
- 宽度：设置长方体的宽度。
- 高度：设置长方体的高度。
- 长度分段：设置长度方向上的分段数，默认值为 1。大多数三维基本体都有"分段"这一参数，增加分段数的目的是对几何体进行曲面效果的编辑修改。需要注意的是，分段数越大，构成几何体的点和面就越多，几何体的复杂度也就越高，这在一定程度上会造成渲染速度的降低。因此，设置分段数值时一定要考虑所建几何体的具体用处。

图 2-6　"长方体"命令的参数

- 宽度分段：设置宽度方向上的分段数，默认值为 1。
- 高度分段：设置高度方向上的分段数，默认值为 1。
- 生成贴图坐标：生成贴图坐标的目的是给对象赋予贴图材质。该复选框默认为选定状态，这时将自动为创建的对象生成贴图坐标。
- 真实世界贴图大小：选中该复选框后，将按照贴图的实际尺寸赋予对象。

4) 调整对象的参数

对象创建完成后自动处于选定状态，这时可以根据需要直接在命令面板中调整相关参数。取消对象的选择后，如果再想调整其参数，则必须先选择该对象，然后单击命令面板上方的"修改"按钮 ，在"修改"面板中调整其参数。

2. 圆锥体

使用"圆锥体"命令可完成图 2-7 所示的一系列造型。

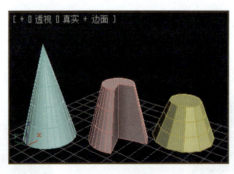

图 2-7　圆锥体

1) 创建圆锥体

(1) 打开"创建/几何体/标准基本体"面板，单击"圆锥体"按钮后，在任意视图中按住鼠标左键拖动，在适当的位置处释放鼠标后，将生成锥体的底面。

(2) 上下拖动鼠标，生成锥体的高度，单击鼠标左键确定后，再继续移动鼠标，生成圆锥体的顶面。

(3) 单击鼠标左键结束操作。

2) 圆锥体的参数

"圆锥体"命令的参数如图 2-8 所示。

- 半径 1 和半径 2：分别为圆锥体底面和顶面的半径。
- 高度：设置圆锥体的高度。
- 高度分段：设置圆锥体沿高度方向上的分段数。
- 端面分段：设置圆锥体端面(即底面和顶面)沿半径方向上的分段数。
- 边数：设置圆锥侧面的边数。边数越大，圆锥体侧面就越平滑。
- 平滑：默认情况下，该选项为选中状态，这时建立的圆锥体具有光滑的侧面。如果取消选中"平滑"复选框，那么圆锥体的侧面就是由若干平面构成。
- 启用切片：该参数的作用是生成各种圆锥体的剖切效果。选中该复选框后，可在下面的"切片起始位置"中设置切片的起始角度，在"切片结束位置"中设置切片的终止角度。图 2-9 所示是"切片起始位置"为 270、"切片结束位置"为 0 时，圆锥体的切片效果。

图 2-8 "圆锥体"命令的参数

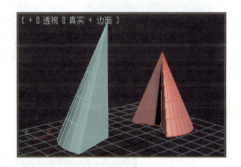

图 2-9 圆锥体的切片效果

3. 球体

使用"球体"命令可完成图 2-10 所示的一系列造型。

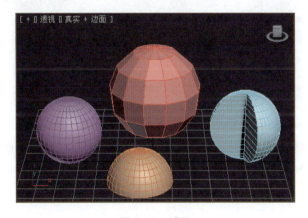

图 2-10 球体

1) 创建球体
(1) 打开"创建/几何体/标准基本体"面板，单击"球体"按钮。
(2) 在任意视图中按住鼠标左键拖动，然后释放鼠标，即可完成球体的创建操作。
2) 球体的参数

"球体"命令的参数如图 2-11 所示。

- 半径：设置球体的半径。
- 分段：设置球体的分段数。该参数值越大，球体的表面就越平滑，如图 2-12 所示。

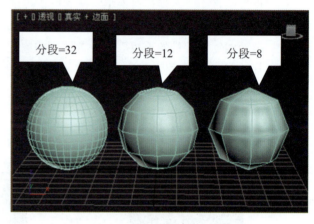

图 2-11　"球体"命令的参数　　　　图 2-12　分段值对球体表面平滑度的影响

- 平滑：该复选框默认为选中状态，这时构成球体的面是圆滑的；取消选中该复选框后，构成球体的面就成了多个平面的拼接，如图 2-13 所示。

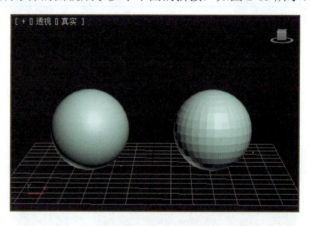

图 2-13　"平滑"选项对球体表面的影响

- 半球：使用该参数可以生成半球体。"半球"值表示球体被切去部分的高度占球体总高度(即直径)的百分比，取值范围从 0 到 1.0，值越大，生成的半球体高度就越小，如图 2-14 所示。

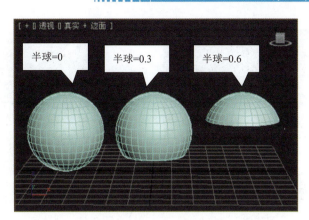

图 2-14　"半球"值对球体形状的影响

- 切除和挤压：指定生成半球体的方式。选择"切除"选项会减少球体的顶点和面的数量，而选择"挤压"选项则会保持总的顶点和面的数量不变。
- 启用切片：该选项可生成图 2-15 所示的球体切片。选中该复选框后，可在下面的"切片起始位置"中设置切片的起始角度，在"切片结束位置"中设置切片的终止角度。

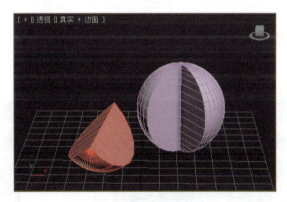

图 2-15　球体切片

4．几何球体

使用"几何球体"命令可完成图 2-16 所示的一系列造型。

1) 创建几何球体

(1) 打开"创建/几何体/标准基本体"面板，单击"几何球体"按钮。

(2) 在任意视图中按住鼠标左键拖动，然后释放鼠标，即可完成几何球体的创建。

2) 几何球体的参数

"几何球体"命令的参数如图 2-17 所示。

- 半径：设置几何球体的半径。
- 分段：设置几何球体的分段数。
- 基点面类型：该选项组中提供了 3 个单选按钮，"四面体""八面体""二十面体"分别将几何球体划分为 4 个、8 个、20 个相等的分段。

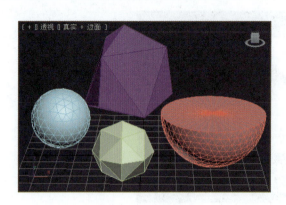

图 2-16　几何球体　　　　　　　　图 2-17　"几何球体"命令的参数

5. 圆柱体

圆柱在建模中应用较广,特别是在建筑设计中常用于各种柱子和横梁的制作。使用"圆柱体"命令可以完成图 2-18 所示的一系列造型。

1) 创建圆柱体

(1) 打开"创建/几何体/标准基本体"面板,单击"圆柱体"按钮。

(2) 在任意视图中拖动鼠标确定圆柱体的截面圆,再上下移动鼠标生成圆柱体的高度。

(3) 单击鼠标左键结束操作。

2) 圆柱体的参数

"圆柱体"命令的参数如图 2-19 所示。

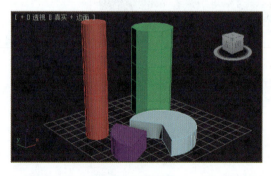

图 2-18　圆柱体　　　　　　　　图 2-19　"圆柱体"命令的参数

- 半径:设置圆柱截面的半径。
- 高度:设置圆柱体的高度。
- 高度分段:设置圆柱体沿高度方向上的分段数。
- 端面分段:设置圆柱截面沿半径方向上的分段数。
- 边数:设置圆柱侧面的边数。边数越大,圆柱侧面就越平滑。
- 平滑:默认情况下,该选项为选中状态,这时建立的圆柱体具有光滑的侧面。如果取消选中该复选框,那么圆柱体的侧面就是由若干平面构成的。
- 启用切片:此项参数的作用与前面介绍的"球体"命令的同名参数相同,可生成各种圆柱切片。

6. 管状体

使用"管状体"命令可完成图 2-20 所示的一系列造型。

1) 创建管状体

(1) 打开"创建/几何体/标准基本体"面板，单击"管状体"按钮。

(2) 在任意视图中拖动鼠标确定管状体的基圆，再移动鼠标确定管状体的厚度。

(3) 单击鼠标左键后继续移动鼠标确定管状体的高度，最后单击鼠标左键结束操作。

2) 管状体的参数

"管状体"命令的参数如图 2-21 所示。

图 2-20　管状体

图 2-21　"管状体"命令的参数

其中，"半径 1"和"半径 2"分别表示管状体底面的内径和外径。其余参数的含义与圆柱体的参数相同。

7. 圆环

使用"圆环"命令可完成图 2-22 所示的一系列造型。

1) 创建圆环

(1) 打开"创建/几何体/标准基本体"面板，单击"圆环"按钮。

(2) 在任意视图中拖动鼠标确定圆环的基圆，再移动鼠标并单击左键即可结束创建圆环的操作。

2) 圆环的参数

"圆环"命令的参数如图 2-23 所示。

图 2-22　圆环

图 2-23　"圆环"命令的参数

- 半径 1：整个圆环的半径。
- 半径 2：圆环截面的半径。
- 旋转：该参数可产生圆环截面的旋转效果。该参数的正数值和负数值将在环形曲面上的顺时针方向和逆时针方向上"滚动"顶点。
- 扭曲：产生圆环截面的扭曲效果，如图 2-24 所示。该参数用于设置扭曲的度数。

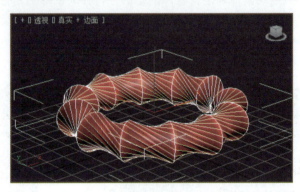

图 2-24　扭曲效果的圆环

- 分段：设置圆环沿圆周方向上的分段数。
- 边数：设置圆环截面的边数。
- 平滑：此选项组中有"全部""侧面""无"和"分段"4 个单选按钮，可以分别得到 4 种不同的平滑效果，如图 2-25 所示。

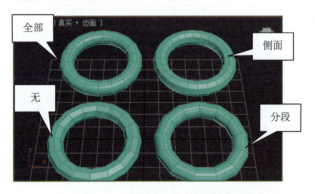

图 2-25　圆环的不同平滑效果

8. 四棱锥

四棱锥具有方形或矩形底部以及三角形侧面。使用"四棱锥"命令可完成图 2-26 所示的四棱锥造型。

1) 创建四棱锥

(1) 打开"创建/几何体/标准基本体"面板，单击"四棱锥"按钮。

(2) 在任意视图中拖动鼠标确定四棱锥的底面，释放鼠标左键后再移动鼠标生成四棱锥的高度。

(3) 单击鼠标左键结束操作。

如果想得到一个底面为正方形的四棱锥，则可在拖动鼠标创建四棱锥时按住 Ctrl 键。

2) 四棱锥的参数

"四棱锥"命令的参数如图 2-27 所示,各个参数的含义与"长方体"命令的参数相似。

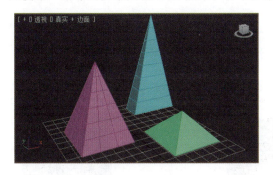

图 2-26　四棱锥

图 2-27　"四棱锥"命令的参数

9. 茶壶

使用"茶壶"命令可以创建整个茶壶或茶壶部件,如图 2-28 所示。茶壶复杂的曲线和相交曲面非常适用于不同种类的贴图材质和渲染设置的测试。

1) 创建茶壶

(1) 打开"创建/几何体/标准基本体"面板,单击"茶壶"按钮。

(2) 在任意视图中拖动鼠标再释放左键,即可完成茶壶的创建。

2) 茶壶的参数

"茶壶"命令的参数如图 2-29 所示。

图 2-28　茶壶及茶壶部件

图 2-29　"茶壶"命令的参数

- 半径:设置茶壶的半径。
- 分段和平滑:这两项参数与"球体"命令的同名参数作用相同。分段值越大,茶壶表面就越平滑。
- 茶壶部件:该选项组中有 4 个复选框,分别是"壶体""壶把""壶嘴"和"壶盖",这 4 个选项分别代表组成茶壶的 4 个部件。创建茶壶时,可以在 4 个部件中随意选择。默认情况下同时启用 4 个选项,从而生成完整的茶壶。

10. 平面

"平面"对象是平面多边形网格,可以在渲染时无限放大。使用"平面"命令可以创建图 2-30 所示的平面网格造型。创建地面、水面等模型时常使用平面造型，对其应用"噪波""置换"等修改器后，可以生成复杂的地形。

1) 创建平面

(1) 打开"创建/几何体/标准基本体"面板，单击"平面"按钮。

(2) 在任意视图中拖动鼠标再释放左键，即可完成平面的创建。

2) 平面的相关参数

"平面"命令的参数如图 2-31 所示。

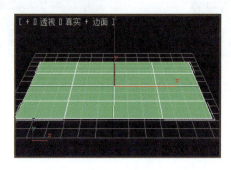

图 2-30 平面

图 2-31 "平面"命令的参数

- 长度和宽度：设置平面的长度和宽度。
- 长度分段和宽度分段：设置平面长度方向和宽度方向上的分段数。
- 渲染倍增：该参数栏用于设置渲染时增大创建的平面对象的尺寸和分段数，其中，"缩放"可设置平面对象尺寸的倍增比例，"密度"则可设置平面对象长度分段和宽度分段的倍增比例。当需要创建一个巨大的平面对象时，只需要创建一个小的参考平面即可。

2.1.2 扩展基本体

3ds Max 提供的扩展基本体是一组较复杂的基本体。在"创建/几何体"命令面板上方的下拉列表中选择"扩展基本体"选项，在"对象类型"卷展栏中就会出现用于创建扩展基本体的命令按钮，如图 2-32 所示。3ds Max 2014 提供了 13 个创建扩展基本体的命令，使用这些命令可以创建图 2-33 所示的扩展基本体。

图 2-32 "扩展基本体"子面板

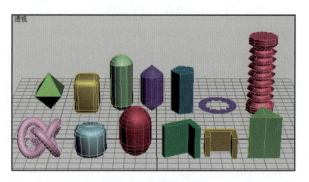

图 2-33 扩展基本体

下面重点介绍几种常用的扩展基本体。

1. 异面体

使用"异面体"命令可完成图 2-34 所示的几种不同系列的多面体造型。

1) 创建异面体

(1) 打开"创建/几何体"命令面板的"扩展基本体"子面板。

(2) 单击"异面体"按钮，在任意视图中按住鼠标左键拖动，再释放鼠标，即完成了异面体的创建。

2) 异面体的参数

"异面体"命令的常用参数如图 2-35 所示。

图 2-34　异面体　　　　　　　　　　图 2-35　"异面体"命令的参数

- 系列：此参数栏中包含用于生成不同类型异面体的 5 个单选按钮，分别用于创建四面体、立方体或八面体、十二面体或二十面体，以及两种不同的类似星形的异面体。
- 系列参数：此参数栏包括 P 和 Q 两个选项，用于控制异面体顶点和面之间的形状转换。
- 轴向比率：异面体表面可以由三角形、方形或五角形组成，这些面可以是规则的，也可以是不规则的。"轴向比率"参数栏中的 P、Q、R 三个参数分别用于控制异面体中三角形、方形和五角形的比例关系。这三个参数具有将其对应面推进或推出的效果，其默认值为 100.0。
- 半径：用于设置异面体外接圆的半径。

2. 环形结

使用"环形结"命令可以创建复杂的或带结的环形造型，如图 2-36 所示。

1) 创建环形结

(1) 打开"创建/几何体/扩展基本体"命令面板，单击"环形结"按钮。

(2) 在任意视图中拖动鼠标确定环形结的半径，释放鼠标左键后继续移动鼠标确定环形结的截面半径。

(3) 单击鼠标左键结束操作。

2) 环形结的参数

"环形结"命令的常用参数如图 2-37 所示。

图 2-36　环形结　　　　　　　　　　图 2-37　"环形结"命令的参数

● 基础曲线：此参数栏中包含一组用于设置环形结基本外形的参数。

① 结和圆：使用"结"时，环形将基于其他各种参数自身交织。使用"圆"时，基础曲线是圆形，这时在默认状态将产生标准圆环形。

② 半径：设置基础曲线的半径。

③ 分段：设置环形结的分段数。

④ P 和 Q：这两项参数只有在选中"结"单选按钮时才处于活动状态，分别表示环形结上下的圈数和由中心向外环绕的圈数。

⑤ 扭曲数和扭曲高度：这两项参数只有在选中"圆"单选按钮时才处于活动状态。图 2-38 显示了不同扭曲数和扭曲高度的环形结效果。

● 横截面：此参数栏用于调整环形结的横截面。

① 半径：设置环形结横截面的半径。

② 边数：设置环形结横截面周围的边数。

③ 偏心率：设置环形结横截面主轴与副轴的比率。其值为 1 时将产生圆形横截面，其他值则将形成椭圆形横截面。

④ 扭曲：设置横截面围绕基础曲线扭曲的次数。

⑤ 块和块高度："块"用于设置环形结中的凸出数量。当"块高度"值非 0 时才能

看到其效果。图 2-39 显示了基础曲线为"圆"时，不同块和块高度的环形结效果。

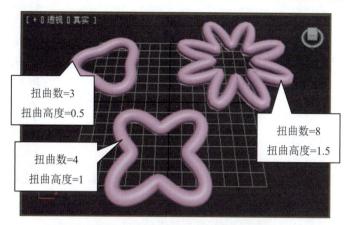

图 2-38　不同扭曲数和扭曲高度的环形结

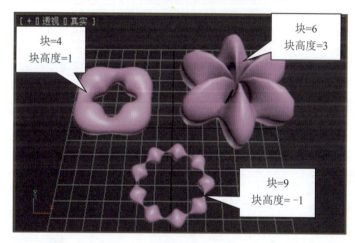

图 2-39　不同块和块高度的环形结

3. 切角长方体

使用"切角长方体"命令可以创建带倒角或圆形边的长方体，如图 2-40 所示。

图 2-40　切角长方体

1) 创建切角长方体

(1) 打开"创建/几何体/扩展基本体"命令面板，单击"切角长方体"按钮。

(2) 在任意视图中拖动鼠标生成长方体的底面，单击鼠标左键确定后继续向上或向下移动鼠标，生成长方体的高度。

(3) 再次单击鼠标左键后向上移动鼠标，产生长方体的倒角效果，最后单击鼠标左键结束操作。

2) 切角长方体的参数

"切角长方体"命令的参数如图 2-41 所示。

切角长方体的参数与标准基本体中长方体的参数基本相同，其中"圆角"参数用于设置倒角的程度，"圆角分段"参数可设置倒角的分段数，其值越大，倒角就越平滑。

图 2-41 "切角长方体"命令的参数

4．油罐

使用"油罐"命令可创建带有凸面封口的圆柱体，如图 2-42 所示。

1) 创建油罐

(1) 打开"创建/几何体/扩展基本体"命令面板，单击"油罐"按钮。

(2) 在任意视图中拖动鼠标，定义油罐底部的半径。

(3) 释放鼠标左键，然后垂直移动鼠标产生油罐的高度，并单击鼠标左键确定高度。

(4) 对角移动鼠标产生凸面封口的高度(向左上方移动可增加高度，向右下方移动可减小高度)。

(5) 再次单击鼠标左键完成创建油罐的操作。

2) 油罐的参数

"油罐"命令的参数如图 2-43 所示。

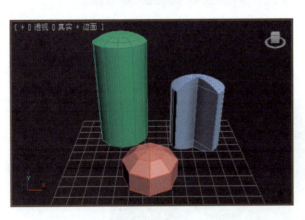

图 2-42 油罐

图 2-43 "油罐"命令的参数

- 半径：设置油罐的半径。
- 高度：设置油罐沿中心轴的高度。
- 封口高度：设置封口的高度。最小值是"半径"设置的 2.5%，最大值是"半径"设置的 99%。

- 混合：该参数值大于 0 时，在凸面封口的边缘创建倒角效果。
- 边数：设置油罐周围的边数。如果要创建平滑的油罐，可使用较大的边数，并选中"平滑"复选框。如果要创建带有平面的油罐，则应使用较小的边数，并取消选中"平滑"复选框。
- 启用切片：此项参数的作用与前面介绍的"圆柱体"等命令的同名参数相同，可生成各种油罐切片。

5. 软管

软管是一个能连接两个对象的弹性对象，使用"软管"命令可以创建图 2-44 所示的一系列造型。

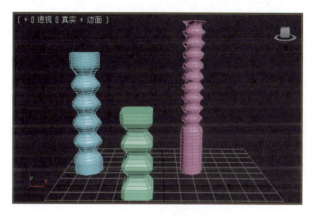

图 2-44　软管

1) 创建软管

(1) 打开"创建/几何体/扩展基本体"命令面板，单击"软管"按钮。

(2) 在任意视图中拖动鼠标生成软管的截面，再向上或向下移动鼠标生成软管的高度。

(3) 单击鼠标左键结束创建软管的操作。

2) 软管的参数

"软管"命令的参数较复杂，如图 2-45 所示。

图 2-45　"软管"命令的参数

- 端点方法：此参数栏用于设置软管的类型。"自由软管"生成两端不受任何约束的软管；"绑定到对象轴"生成两端绑定在指定对象轴心的软管，使用该选项可以制作自动连接两个对象的软管。选中"绑定到对象轴"单选按钮时，可以使用下面"绑定对象"参数栏中的按钮将软管绑定到两个对象。
- 绑定对象：只有在"端点方法"参数栏中选中了"绑定到对象轴"单选按钮时，"绑定对象"参数栏才能被激活。通过单击"拾取顶部对象"和"拾取底部对象"按钮，可以将软管的两端分别绑定到两个对象上。

图 2-46 显示了软管两端分别连接一个长方体和一个球体的情形。

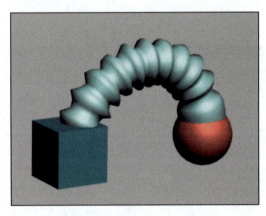

图 2-46　连接两个对象的软管

- 自由软管参数：只有在"端点方法"参数栏中选中"自由软管"单选按钮时，此参数栏才有效。其中的"高度"用于设置自由软管的高度。
- 公用软管参数：用于设置不同类型软管的公用参数。

① 分段：用于设置软管沿高度方向上的分段数。当软管弯曲时，增大该选项的值可使曲线更平滑。

② 启用柔体截面：该选项默认为激活状态，这时软管具有皱褶效果。

③ 起始位置和结束位置：分别用于设置皱褶开始和结束的位置。

④ 周期数：设置皱褶的数量。

⑤ 直径：指定软管皱褶的直径。直径值为负值时，皱褶会向内凹陷；直径值为正值时，皱褶会向外凸出。

⑥ 平滑：设置软管的平滑效果。

- 软管形状：用于设置软管截面的形状。其中提供了 3 种形状："圆形软管""长方形软管""D 截面软管"。默认设置为"圆形软管"。

2.1.3　案例制作：小闹钟建模

【案例内容】

使用创建标准基本体和扩展基本体的相关命令，制作图 2-47 所示的小闹钟模型。具体效果请参见本书配套资源"案例文档"文件夹中的文件"案例 2.max"。

案例：小闹钟建模

第 2 章 三维基本体建模

图 2-47 小闹钟模型

【操作要点】

(1) 创建标准基本体和扩展基本体。
(2) 灵活运用三维基本体构造较复杂的模型。

【操作步骤】

1. 设置场景单位

(1) 启动 3ds Max 2014 后，选择"自定义/单位设置"菜单命令，弹出"单位设置"对话框。

(2) 在"单位设置"对话框的"显示单位比例"栏中选中"公制"单选按钮，并在其下拉列表中选择"厘米"选项，如图 2-48 所示。

(3) 单击"确定"按钮，结束设置场景单位的操作。

图 2-48 "单位设置"对话框

2. 制作小闹钟主体

(1) 在"创建/几何体/标准基本体"命令面板中，单击"管状体"按钮，在前视图中创建一个图 2-49 所示的管状体作为小闹钟的外框。

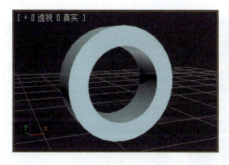

图 2-49 创建的管状体及其参数

(2) 使用"圆柱体"命令，在管状体的中间创建一个圆柱体，设置其半径为 8.5cm，高度为 6cm，边数为 30，如图 2-50 所示。

(3) 使用"圆锥体"命令，在闹钟的底部创建一个圆锥体作为支架，如图 2-51 所示。

45

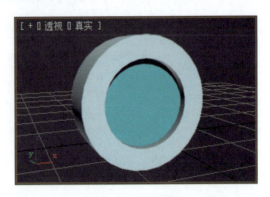

图 2-50　创建圆柱体

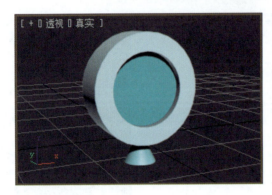

图 2-51　创建的圆锥体及其参数

3. 制作闹钟刻度

(1) 在"创建/图形"命令面板中,使用"文本"命令创建文本图形"12"。设置其字体为黑体,大小为2cm。

(2) 选定文字图形"12",再单击命令面板上方的"修改"按钮 ,打开"修改"面板。在"修改器列表"中选择"挤出"命令,设置"数量"为0.5cm,这时文字图形"12"即转变成三维模型。将"12"移动到图 2-52 所示的位置。

(3) 用相同的方法,制作所有的刻度,如图 2-53 所示。

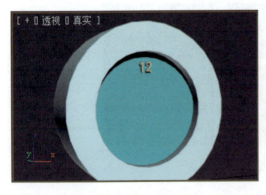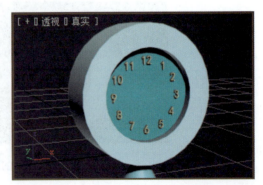

图 2-52　制作刻度"12"　　　　　　图 2-53　制作完成后的闹钟刻度

4. 制作闹钟指针

（1）在闹钟中间创建一个小圆柱体作为指针转轴，设置其半径为 0.5cm，高度为 1cm。可以使用工具栏中的"对齐"工具 ，使转轴与钟面的中心点迅速而精准地对齐。

（2）在"创建/几何体/标准基本体"命令面板中，单击"四棱锥"按钮，在顶视图中创建一个四棱锥作为闹钟的时针，设置其宽度和深度为 0.7cm，高度为 4cm，如图 2-54 所示。

（3）用相同的方法，制作分针和秒针，如图 2-55 所示。

图 2-54　制作闹钟时针　　　　　　　　　图 2-55　制作闹钟分钟和秒针

5. 指定材质

（1）单击工具栏右侧的"材质编辑器"按钮 或按 M 键，打开"材质编辑器"窗口。

（2）设置闹钟底座和外框的材质。选择材质编辑器中的第一个示例球，在"Blinn 基本参数"卷展栏中，单击"漫反射"色样，在打开的"颜色选择器"对话框中将漫反射颜色调整为红色。再将"高光级别"设置为 50，将"光泽度"设置为 26。按住 Ctrl 键在前视图中单击闹钟底座、外框和指针的转轴，同时选定这三个对象，再在"材质编辑器"窗口中单击示例球列表下方的"将材质指定给选定对象"按钮 ，将红色材质指定给它们。

（3）设置刻度和指针的材质。在材质编辑器中选择第二个示例球，将其漫反射颜色设置为黑色，再在前视图中同时选定所有的刻度和指针，将第二个示例球的材质指定给它们。

（4）用相同的方法，设置钟面的颜色为白色。

至此，一个漂亮的小闹钟就制作完成了。

2.1.4　知识拓展：复合对象

案例 2 小闹钟模型的制作采用了搭积木的方式，将若干几何基本体进行简单的连接、组合来构造复杂模型。除此之外，还可以通过创建复合对象等方法，由简单的几何基本体产生较复杂的模型。

复合对象

复合对象是在两个或多个对象的基础上形成的单个对象。3ds Max 2014 提供了 12 种复合对象类型。在"创建/几何体"命令面板上方的下拉列表中选择"复合对象"选项，"对象类型"卷展栏中就会出现用于创建复合对象的命令按钮，如图 2-56 所示。

图 2-56　复合对象的类型

1. 布尔

布尔复合对象通过对两个对象执行布尔操作将这两个对象组合起来。并集、交集和差集是三种最常见的布尔操作，通过布尔操作形成的新模型即为布尔对象。图 2-57 所示是对球体和立方体执行不同的布尔操作后得到的模型。

- 并集：布尔对象包含两个原始对象的体积，将移除几何体的相交部分或重叠部分。
- 交集：布尔对象只包含两个原始对象重叠位置的体积。
- 差集：布尔对象包含从中减去相交体积的原始对象的体积。

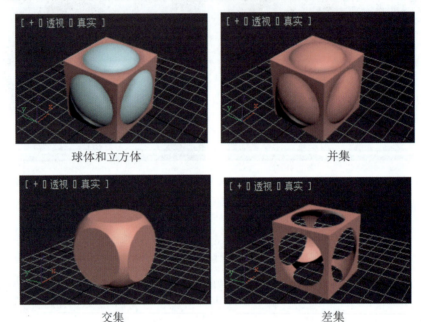

图 2-57　布尔操作

进行布尔操作时，场景中要求有两个或两个以上的模型。执行布尔操作的一般步骤如下。

(1) 在"创建/几何体"命令面板的下拉列表中选择"复合对象"选项。

(2) 在视图中单击选择一个模型作为运算对象 A，然后单击"对象类型"卷展栏中的"布尔"按钮。

(3) 在"参数"卷展栏中设置布尔操作的方式后，再在"拾取布尔"卷展栏中单击"拾取操作对象 B"按钮，最后在视图中单击运算对象 B，即可完成 A 模型与 B 模型的布尔操作。

"布尔"命令的主要参数如图 2-58 所示。

1) "拾取布尔"卷展栏

该卷展栏用于设置选取运算对象 B 的方式。

- 参考：是指将原始对象的一个参考复制品作为运算对象 B，进行布尔运算后，修改原始对象的操作会直接反映在运算对象 B 上，但修改运算对象 B 的操作不会影响原始对象。

- 复制：是指将原始对象的一个复制品作为运算对象 B 进行布尔运算，原始对象与运算对象 B 之间不会相互影响。
- 移动：是指将原始对象直接作为运算对象 B，进行布尔运算后，原始对象消失。
- 实例：是指将原始对象的一个实例复制品作为运算对象 B 进行布尔运算，修改其中一个对象将影响另一个对象。

图 2-58 "布尔"命令的参数面板

2) "操作对象"栏

该参数栏列出了所有进行布尔运算的对象名称，选择相应的对象后，可通过修改器堆栈在命令面板中对选定对象进行编辑。

3) "操作"栏

该栏中提供了 5 种布尔操作方式，即并集、交集、差集(A-B)、差集(B-A)和切割。

4) "显示/更新"卷展栏

该卷展栏用于设置布尔对象的显示和更新方式。

- 显示：设置布尔对象的显示方式。
① 结果：表示只显示最后的布尔运算结果。
② 操作对象：表示显示所有的运算对象。
③ 结果+隐藏的操作对象：表示在视图中以线框方式显示结果和隐藏运算对象。
- 更新：设置何时更新布尔对象。
① 始终：更新操作对象时立即更新布尔对象。
② 渲染时：当渲染场景或单击"更新"按钮时才更新布尔对象。
③ 手动：只有在单击"更新"按钮时，才更新布尔对象。

2. 变形

变形复合对象可以将种子对象变形成为目标对象，从而制作出变形动画。需要注意的是,种子对象和目标对象必须满足两个条件:一是这两个对象必须是网格、面片或多边形对象;二是这两个对象必须包含相同的顶点数。

3. 散布

散布复合对象是将所选的源对象散布为阵列,或散布到其他对象(即分布对象)的表面。图 2-59 所示是将圆锥体散布到几何球体表面的结果。

4. 一致

一致复合对象是通过将某个对象(称为"包裹器")的顶点投影至另一个对象(称为"包裹对象")的表面而创建。图 2-60 所示是使用创建一致复合对象的方法,将道路对象投影到地形对象上的结果。

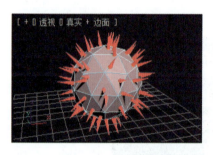

图 2-59　圆锥体散布到几何球体表面　　　　图 2-60　将道路投影到地形上

5. 连接

使用连接复合对象可以通过对象表面的"洞"来连接两个对象,如图 2-61 所示。要执行此操作,需要删除每个对象上的一个或多个面,在其表面创建一个洞,并使两个对象的洞与洞之间面对面。

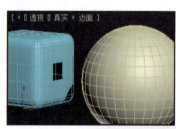
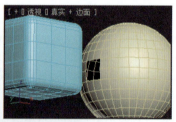
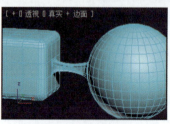

图 2-61　连接复合对象

6. 图形合并

使用"图形合并"命令能够将一个或多个二维图形嵌入在网格对象的表面，创建的二维图形沿自身的 Z 轴向网格对象表面投影，然后在网格对象表面创建新的点、面和边界。图 2-62 所示是文字图形合并到茶壶模型上的效果。通过编辑新创建的次对象，可以完成更复杂的建模效果。

除了以上介绍的几种复合对象，放样对象也是最常用的复合对象之一。在后面的第 3 章，将详细介绍放样复合对象的创建方法。

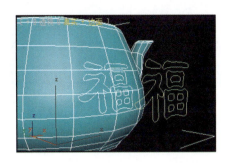

图 2-62　文字图形合并到茶壶模型上

2.2　案例 3：平顶房子建模——使用建筑对象

2.2.1　建筑对象

3ds Max 2014 提供了创建多种建筑对象的功能，如"门""窗""楼梯""植物""栏杆"和"墙"，使三维建筑场景的设计更加方便。这些创建建筑对象的功能均可在"创建/几何体"命令面板的下拉列表中找到。

建筑对象

1. 门

"创建/几何体/门"命令面板中提供了枢轴门、推拉门、折叠门 3 种门的模型，如图 2-63 所示。通过参数设置，可以控制门的外观，以及门的打开、关闭等细节。

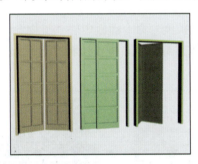

图 2-63　门的模型

2. 窗

"创建/几何体/窗"命令面板中提供了遮篷式窗、平开窗、固定窗、旋开窗、伸出式窗、推拉窗 6 种窗的模型，如图 2-64 所示。

3. 楼梯

"创建/几何体/楼梯"命令面板中提供了 L 型楼梯、U 型楼梯、直线楼梯、螺旋楼梯 4 种楼梯模型，如图 2-65 所示。通过参数设置，可以控制楼梯的长宽、高度、侧弦及扶手等细节。

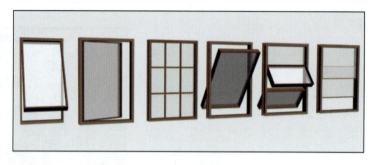

图 2-64　窗的模型

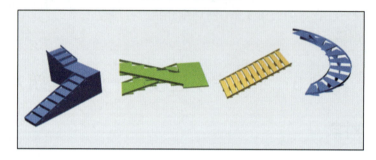

图 2-65　楼梯模型

2.2.2　AEC 扩展

"创建/几何体"命令面板的下拉列表中,除了提供了用于创建门、窗和楼梯的命令外,还有一个用于创建植物、栏杆和墙的"AEC 扩展"命令。

AEC 扩展对象

1. 植物

使用"创建/几何体/AEC 扩展"命令面板中的"植物"命令,可以创建各种漂亮的植物模型,如图 2-66 所示。通过参数设置,可以控制植物的高度、密度、修剪、种子、树冠显示和细节级别。

图 2-66　植物

2. 栏杆

使用"创建/几何体/AEC 扩展"命令面板中的"栏杆"命令既可以创建直的栏杆,也可以创建沿样条线弯曲的栏杆,如图 2-67 所示。通过参数设置,可以控制上围栏、下围栏、立柱、栅栏等栏杆组件的属性。

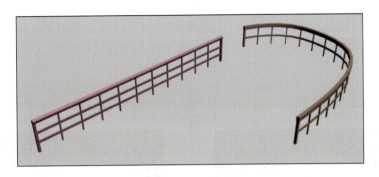

图 2-67　栏杆

3. 墙

使用"创建/几何体/AEC 扩展"命令面板中的"墙"命令,可以创建由顶点、分段、剖面 3 个子对象组成的墙,如图 2-68 所示。这些子对象均可在"修改"面板中进行修改。

图 2-68　墙

案例:创建平顶小屋

2.2.3　案例制作：平顶房子建模

【案例内容】

制作一个简单的平顶小房子模型,如图 2-69 所示。具体效果请参见本书配套资源"案例文档"文件夹中的文件"案例 3.max"。

【操作要点】

(1) 创建不同高度的墙。
(2) 创建门、窗、楼梯等建筑对象。

【操作步骤】

1. 创建墙体

图 2-69　平顶小房子模型

(1) 启动 3ds Max 2014 之后,选择"自定义/单位设置"菜单命令,在弹出的"单位设置"对话框中将场景单位设置为"厘米"。
(2) 在"创建/几何体"命令面板上方的下拉列表中选择"AEC 扩展"选项。
(3) 在"对象类型"卷展栏中单击"墙"按钮,然后在顶视图中单击鼠标左键,确定墙的起点位置,移动鼠标指针到合适的位置再单击鼠标左键,创建出第一段墙。参照图2-70所示,反复移动鼠标并单击左键,创建其余的墙体。创建完墙体后,单击鼠标右键结束操作。

(4) 设置墙体高度。在命令面板的"参数"卷展栏中,将"高度"设置为560cm。

(5) 用相同的方法,创建门廊的墙体,将其高度设置为270cm,如图2-71所示。

图2-70　创建主墙体　　　　　　　　图2-71　创建门廊

2. 创建门

使用"门""窗"命令在墙体上创建门窗后,墙体上会自动开洞以适应创建的门窗。

(1) 在"创建/几何体"命令面板上方的下拉列表中选择"门"选项。

(2) 在命令面板中选择"枢轴门"命令,然后在顶视图中门廊外墙体的位置,单击并按住鼠标左键拖动,定义门的宽度,到达合适宽度位置时释放鼠标左键,再向墙体另一侧移动鼠标,定义门的深度,到达合适深度位置时单击鼠标左键确定。最后再次移动鼠标,创建门的高度,到达合适高度时单击鼠标左键完成创建门的操作。结果如图2-72所示。

(3) 确认创建的门被选定,打开"修改"命令面板,在"参数"卷展栏中选中"双门"复选框,并设置"打开"为20度。在"页扇参数"卷展栏中,设置"垂直窗格数"为3。调整了参数后的门的效果如图2-73所示。

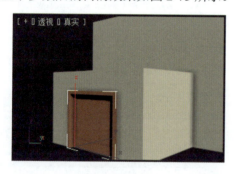　　　　

图2-72　创建门　　　　　　　　　图2-73　调整参数后的门

(4) 用相同的方法,参照图2-74所示,在主墙体的侧面再创建一扇门。

图 2-74　创建侧门

3. 创建窗

(1) 在"创建/几何体"命令面板上方的下拉列表中选择"窗"选项。

(2) 在命令面板中选择"推拉窗"命令，然后在顶视图中墙体上要创建窗的位置，单击并按住鼠标左键拖动，定义窗的宽度，到达合适宽度位置时释放鼠标左键，再向墙体另一侧移动鼠标，定义窗的深度，到达合适深度位置时单击鼠标左键确定。最后再次移动鼠标，创建窗的高度，到达合适高度时单击鼠标左键完成创建窗的操作。在前视图中适当调整窗的位置，结果如图 2-75 所示。

(3) 确认创建的窗被选定，打开"修改"命令面板，在"参数"卷展栏的"打开窗"选项组中，取消选中"悬挂"复选框，再适当设置"打开"的比例，结果如图 2-76 所示。

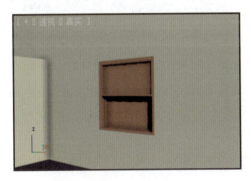

图 2-75　创建窗

图 2-76　调整参数后的窗

(4) 在前视图中选择窗，再按住 Shift 键移动窗，将它复制到其他需要创建窗的位置，如图 2-77 所示。

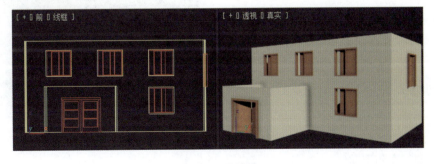

图 2-77　复制窗

4. 创建楼梯

(1) 在"创建/几何体"命令面板上方的下拉列表中选择"楼梯"选项。

(2) 在"对象类型"卷展栏中选择"L 型楼梯"命令，然后在顶视图中拖动鼠标创建一个 L 型楼梯。参照图 2-78，调整楼梯的位置。

(3) 选择该楼梯后，打开"修改"命令面板。在"参数"卷展栏中，设置类型为"落地式"，并选中"侧弦"复选框，再根据侧门的宽度和位置，设置楼梯的"宽度"和"总高"值。

5. 创建屋顶

(1) 在"创建/几何体"命令面板上方的下拉列表中选择"标准基本体"选项。

(2) 使用"长方体"命令，分别在门廊和主墙体的顶部创建两个长方体作为屋顶，如图 2-79 所示。

图 2-78 创建 L 型楼梯

图 2-79 创建长方体作为屋顶

6. 渲染场景

在材质编辑器中，给房子指定自己喜欢的颜色。最后单击透视图，再单击工具栏中的 按钮或按快捷键 Shift+Q 渲染场景。

2.3 实操训练

2.3.1 户外长凳建模

【实训内容】

参照本书配套资源"实操训练"文件夹中的文件"实训 2-1.max"，制作一个造型简洁的户外长凳模型，如图 2-80 所示。

【实训重点】

(1) 创建三维基本体。

(2) 由简单几何体构造复杂模型。

(3) 创建布尔对象。

图 2-80 户外长凳模型

(4) 克隆对象。

【操作提示】

(1) 启动 3ds Max 2014 之后，选择"自定义/单位设置"菜单命令，在弹出的"单位设置"对话框中将场景单位设置为"厘米"。

(2) 创建凳脚。使用"创建/几何体/扩展基本体"命令面板中的"切角长方体"命令，在顶视图中创建一个切角长方体，参照图 2-81，设置切角长方体的参数。

(3) 使用"创建/几何体/标准基本体"命令面板中的"圆柱体"命令，在左视图中创建一个圆柱体，参照图 2-82，调整圆柱体的大小及位置。

(4) 打开"创建/几何体/复合对象"命令面板，选择切角长方体后，再选择命令面板中的"布尔"命令，然后在"拾取布尔"卷展栏中，单击"拾取操作对象 B"按钮，最后在视图中单击圆柱体。创建的布尔对象如图 2-83 所示。

(5) 使用克隆的方法产生另一侧的凳脚。

(6) 使用"长方体"命令，在顶视图中创建并克隆长方体作为凳面，如图 2-84 所示。

图 2-81 设置切角长方体的参数

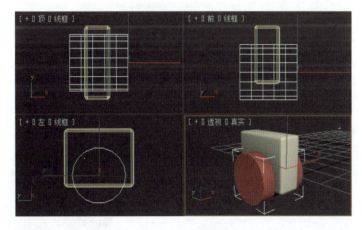

图 2-82 创建圆柱体

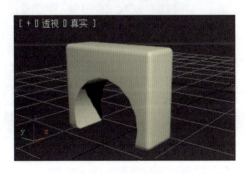

图 2-83 创建的布尔对象

图 2-84 完成后的长凳

(7) 在材质编辑器中，给长凳指定自己喜欢的颜色。最后使用"组/组"菜单命令，将构成长凳的所有部件组成一个组，组名为"长凳"。这样，一个造型简洁的户外长凳就制作完成了。

2.3.2 搭建室外场景

【实训内容】

参照本书配套资源"实操训练"文件夹中的文件"实训 2-2.max"，制作一个简单的室外场景，其渲染效果如图 2-85 所示。

图 2-85 室外场景模型

【实训重点】

(1) 由简单几何体构造复杂模型。
(2) 创建植物对象。
(3) 将 3ds Max 外部场景文件中的对象插入到当前场景中。

【操作提示】

(1) 启动 3ds Max 2014 之后，选择"自定义/单位设置"菜单命令，在弹出的"单位设置"对话框中将场景单位设置为"厘米"。

(2) 创建地面。使用"创建/几何体/标准基本体"命令面板中的"平面"命令，在顶视图中创建一个平面，设置其长度和宽度均为 6000cm。

(3) 将前面制作的平顶小房子和户外长凳模型导入到当前场景中。单击 3ds Max 窗口左上角的 图标，选择"导入/合并"菜单命令，弹出"合并文件"对话框，选择本书配套资源"场景"文件夹中的"场景 2-1.max"文件后，单击"打开"按钮，弹出图 2-86 所示的"合并"对话框。

在对话框的列表栏中选择"[房子]"选项，然后单击"确定"按钮，即可将"场景 2-1.max"文件中的平顶小房子插入到当前场景中。

图 2-86 "合并"对话框

(4) 用相同的方法，将"场景 2-2.max"文件中的长凳模型导入到当前场景中，并克隆出其余几张长凳。参照图 2-87，调整房子和长凳在场景中的位置。

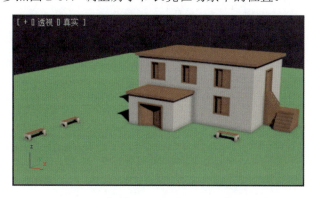

图 2-87　将房子和长凳导入到当前场景中

(5) 创建植物。使用"创建/几何体/AEC 扩展"命令面板中的"植物"命令，在场景中创建两棵树，如图 2-88 所示。

图 2-88　在场景中创建两棵树

(6) 创建栅栏。使用"创建/几何体/AEC 扩展"命令面板中的"栏杆"命令，在房子周围创建栅栏，如图 2-89 所示。

图 2-89　创建栅栏

(7) 为场景中的各个模型指定材质。

(8) 设置渲染背景。选择"渲染/环境"菜单命令，打开"环境和效果"对话框。在"背景"栏中，单击"无"按钮，在弹出的"材质/贴图浏览器"对话框中双击"渐变"选项。

(9) 按 M 键打开材质编辑器，将"环境和效果"对话框的"背景"栏中的环境贴图拖动到材质编辑器的示例球中，并在材质编辑器的"坐标"卷展栏中，设置"贴图"为"屏幕"。在"渐变参数"卷展栏中，设置"颜色 #1"为灰蓝色，"颜色 #2"为浅蓝色，"颜色 #3"为白色。最后关闭"环境和效果"对话框和材质编辑器。

第 3 章 二维图形建模

【本章导读】

二维图形在 3ds Max 建模及动画制作过程中起着非常重要的作用。很多复杂的模型往往需要先创建二维图形，然后再通过各种命令将二维图形转换成三维模型。从这个意义上说，二维图形是三维建模的重要基础。此外，在动画制作中，二维图形还可以作为对象的运动路径。

3ds Max 2014 中提供了 3 种二维图形，即样条线、NURBS 曲线、扩展样条线。本章将重点介绍样条线的创建方法、编辑方法，以及实现二维图形向三维模型转变的途径。

【内容要点】

1. 创建二维图形。
2. 通过二维图形的子对象编辑二维图形。
3. 基于二维图形创建三维模型。

3.1 案例 4：卡通小屋建模——创建和编辑二维图形

3.1.1 创建二维图形

创建二维图形的操作在"创建/图形"命令面板中进行，依次单击命令面板上方的 ![按钮] 按钮和 ![按钮] 按钮，即可打开"创建/图形"命令面板，该面板中提供了 11 个创建二维图形的命令按钮，如图 3-1 所示。使用这些命令可以创建图 3-2 所示的二维图形。

创建二维图形

图 3-1 "创建/图形"命令面板

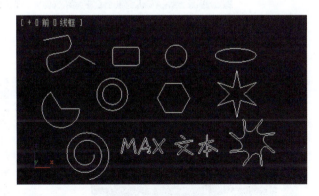

图 3-2 各种二维图形

注意，在"创建/图形"命令面板中的"对象类型"卷展栏里，有一个"开始新图形"复选框，它默认为选中状态，此状态下每创建一个二维图形都会成为一个独立的对象。如果取消选中该复选框，则新创建的图形都将被加在当前所选图形之中，成为所选图形的一部分。

3.1.2 二维图形的公共参数

在"创建/图形"命令面板的"对象类型"卷展栏中单击某个命令按钮后,该命令相关的参数会出现在命令面板的下方。除"螺旋线"和"截面"外,"渲染"和"插值"两个参数卷展栏是所有二维图形的公共参数("螺旋线"只有"渲染"参数),如图 3-3 所示。

1. "渲染"卷展栏

该卷展栏用于将二维图形设置成可被渲染状态。

- 在渲染中启用:默认状态下,创建的二维图形在渲染中是不可见的。选中该复选框后,渲染输出后可看见二维图形的效果,如图 3-4 所示。
- 在视口中启用:选中该复选框后,二维图形以三维网格的形式显示在视图中,如图 3-5 所示。
- 径向:将二维图形的线条显示为圆柱体,如图 3-6 左侧模型所示。其中的"厚度"用于设置样条线的粗细,"边"用于设置横截面的边数。
- 矩形:将二维图形的线条显示为矩形,如图 3-6 右侧模型所示。其中的"长度"和"宽度"分别用于设置横截面矩形的长和宽。

图 3-3 "渲染"和"插值"卷展栏

原二维图形

渲染图

图 3-4 选中"在渲染中启用"复选框后的效果

图 3-5 选中"在视口中启用"复选框后的效果

图 3-6 "径向"和"矩形"线条

2. "插值"卷展栏

该卷展栏用于控制样条线生成的方式。

- 步数：样条线上的每个顶点之间的划分数量称为步数。步长越大，显示的曲线就越平滑。
- 优化：选中该复选框后，可以从样条线的直线线段中删除不必要的步数。
- 自适应：选中该复选框后，可自动设置每个样条线的步数，以生成平滑曲线。

3.1.3 创建二维图形的命令

1. 线

3ds Max 中的二维图形由一条或多条样条线组成，样条线又由顶点和线段组成。使用"线"命令可以创建任意形状的开放或闭合的样条线。建立不规则二维图形时通常使用"线"命令。

1) 创建线的操作步骤

(1) 打开"创建/图形"命令面板，单击"线"按钮。

(2) 在视图中连续单击并拖动鼠标，即可完成线的创建操作。在画线的过程中，如果把光标移到起始点处单击鼠标左键，则屏幕上会弹出"是否闭合样条线"的提示框。若单击"是"按钮，就生成闭合多边形，并结束"线"命令的执行；若单击"否"按钮，则可继续画线。

(3) 单击鼠标右键结束创建线的操作。

2) 线的参数

"线"命令的有关参数如图 3-7 所示。

(1) "创建方法"卷展栏。用于设置图形的创建方式。

图 3-7 "线"命令的参数

- 初始类型：用于设置单击鼠标绘制线时的顶点类型。当选中"角点"单选按钮时，在画线的过程中每次单击鼠标左键，生成一条直线段。当选中"平滑"单选按钮时，单击鼠标左键则生成光滑的曲线。
- 拖动类型：用于设置拖动鼠标绘制线时每个顶点的类型。有"角点"、"平滑"和 Bezier 三种类型，其中，Bezier 类型的曲线可以通过顶点处的两个调节柄来调节曲线形状。

角点、平滑、Bezier 三种顶点的对比如图 3-8 所示。

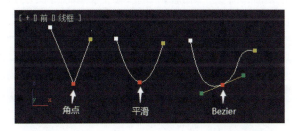

图 3-8 角点、平滑、Bezier 三种顶点效果

(2)"键盘输入"卷展栏。使用键盘输入的方法精确地创建样条线。
- X、Y、Z:设置要添加的顶点的坐标。
- 添加点:单击该按钮可在设定的坐标处创建顶点。
- 关闭和完成:单击"关闭"按钮可创建闭合的图形,单击"完成"按钮可完成样条线的创建。

2. 矩形

使用"矩形"命令可以创建图 3-9 所示的矩形和圆角矩形。

1) 创建矩形的操作步骤

(1) 打开"创建/图形"命令面板,单击"矩形"按钮。

(2) 在视图中拖动鼠标即可生成一个矩形。如果在按住 Ctrl 键的同时拖动鼠标,则可创建一个正方形。

2) 矩形的主要参数

"矩形"命令的主要参数如图 3-10 所示。

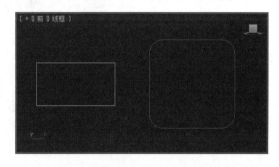

图 3-9 用"矩形"命令创建的图形

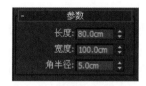

图 3-10 "矩形"命令的参数

- 长度:设置矩形的长度。
- 宽度:设置矩形的宽度。
- 角半径:设置矩形的圆角半径。该参数的默认值为 0,这时创建的矩形是直角矩形;当该参数的值大于 0 时,则创建的矩形变成圆角矩形。

3. 圆

使用"圆"命令可以创建圆形。

1) 创建圆的操作步骤

(1) 打开"创建/图形"命令面板,单击"圆"按钮。

(2) 在视图中拖动鼠标,即可创建一个圆形。

2) 圆的主要参数

"圆"命令的主要参数如图 3-11 所示。

(1) "创建方法"卷展栏。

- 边:以单击点为边缘开始画圆。
- 中心:以单击点为圆心开始画圆。

(2) "参数"卷展栏。

半径:用于设置圆的半径。

4．椭圆

使用"椭圆"命令可以创建椭圆。单击"椭圆"按钮后，在视图中拖动鼠标，即可创建一个椭圆。

椭圆的主要参数如图3-12所示。可在"参数"卷展栏中设置椭圆的长度和宽度。

图3-11　"圆"命令的主要参数

图3-12　"椭圆"命令的主要参数

5．弧

使用"弧"命令可以创建图3-13所示的打开或闭合的弧形。

1) 创建弧的操作步骤

(1) 打开"创建/图形"命令面板，单击"弧"按钮。

(2) 在视图中拖动鼠标确定弧形的弦长。

(3) 释放鼠标左键继续拖动鼠标产生弧形，最后单击鼠标左键结束操作。

2) 弧的主要参数

"弧"命令的主要参数如图3-14所示。

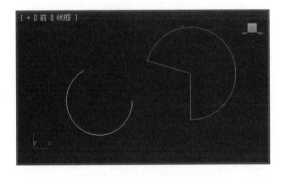

图3-13　弧形

图3-14　"弧"命令的主要参数

(1) "创建方法"卷展栏。

- 端点-端点-中央：创建弧形时，先确定弦长，再确定半径。
- 中间-端点-端点：创建弧形时，先确定半径，再确定弦长。

(2) "参数"卷展栏。

- 半径：设置弧形的半径。
- 从：设置弧形的起始角度，其单位为度。
- 到：设置弧形的终止角度，其单位为度。
- 饼形切片：选中该复选框后，弧形会自动变为闭合曲线，成为一个饼形切片。
- 反转：选中该复选框后，将反转弧形样条线的方向，并将第一个顶点放置在打开弧形的相反末端。

6. 圆环

使用"圆环"命令可以创建两个封闭形状的同心圆。

1) 创建圆环的操作步骤

(1) 打开"创建/图形"命令面板，单击"圆环"按钮。

(2) 在视图中拖动鼠标绘制一个圆形。

(3) 释放鼠标左键后再继续拖动鼠标绘制第二个圆形，最后单击鼠标左键结束操作。

2) 圆环的主要参数

"圆环"命令的主要参数如图 3-15 所示。其中，半径 1 和半径 2 分别用于设置构成圆环的两个圆的半径。

图 3-15　"圆环"命令的主要参数

7. 多边形

使用"多边形"命令可创建直边多边形和圆边多边形(即圆形)，如图 3-16 所示。

1) 创建多边形的操作步骤

(1) 打开"创建/图形"命令面板，单击"多边形"按钮。

(2) 在视图中拖动鼠标即可创建一个多边形。

2) 多边形的主要参数

"多边形"命令的主要参数如图 3-17 所示。

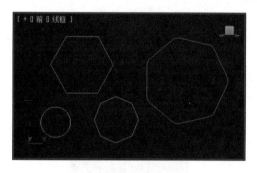

图 3-16　直边和圆边多边形

图 3-17　"多边形"命令的主要参数

- 半径：设置与多边形相切的圆的半径。
- 边数：设置多边形的边数。
- 角半径：该参数值大于 0 时，可创建圆角多边形。
- 圆形：选中该复选框后，可创建圆边多边形。

8. 星形

使用"星形"命令可创建图 3-18 所示的二维图形。

1) 创建星形的操作步骤

(1) 打开"创建/图形"命令面板，单击"星形"按钮。

(2) 在视图中拖动鼠标确定星形的第 1 个半径。

(3) 释放鼠标左键后继续拖动鼠标确定星形的第 2 个半径，最后单击鼠标左键结束操作。

2) 星形的主要参数

"星形"命令的主要参数如图 3-19 所示。

图 3-18 星形

图 3-19 "星形"命令的参数

- 半径 1 和半径 2：分别设置星形的内径和外径。
- 点：设置星形的尖角数，其最小值为 3，最大值为 100。
- 扭曲：该参数可使外部顶点围绕星形中心旋转，产生扭曲效果。
- 圆角半径 1 和圆角半径 2：这两个参数用于设置星形尖角和凹槽的弧度，可使星形的尖角变成圆角。

9．文本

"文本"命令用于创建文本图形，是创建三维文字造型的基础。

1) 创建文本的操作步骤

(1) 打开"创建/图形"命令面板，单击"文本"按钮。

(2) 在任意视图中单击鼠标左键，即可创建一个"MAX 文本"图形。

(3) 在"参数"卷展栏的"文本"文本框中输入文本内容，"MAX 文本"图形即可改变成相应的文本内容。

2) 文本的主要参数

"文本"命令的主要参数如图 3-20 所示。

- 字体列表：用于设置文本的字体。
- 文本格式按钮：用于设置文本的字形(斜体和下划线)、文本的对齐方式(左对齐、居中对齐、右对齐和两端对齐)。
- 大小：设置文本的大小，默认值为 100。
- 字间距：设置文本的字间距。
- 行间距：设置文本的行间距。
- 文本：可在该文本框中输入文本的内容，按 Enter 键可以产生多行文本。

图 3-20 "文本"命令的参数

10．螺旋线

使用"螺旋线"命令可以创建图 3-21 所示的螺旋线造型。

1) 创建螺旋线的操作步骤
(1) 打开"创建/图形"命令面板,单击"螺旋线"按钮。
(2) 在视图中拖动鼠标确定螺旋线的底面半径。
(3) 释放鼠标左键后向上或向下移动鼠标生成螺旋线的高度。
(4) 单击鼠标左键后继续移动鼠标确定螺旋线的顶面半径,最后单击鼠标左键结束操作。
2) 螺旋线的主要参数
"螺旋线"命令的主要参数如图 3-22 所示。

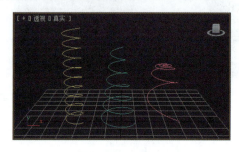

图 3-21　螺旋线　　　　　　　　图 3-22　"螺旋线"命令的参数

- 半径 1 和半径 2:分别设置螺旋线的底部半径和顶部半径。
- 高度:设置螺旋线的高度。
- 圈数:设置螺旋线线圈的圈数。
- 偏移:设置螺旋线圈是靠近底部还是顶部,其取值范围为-1～1。当偏移值小于 0 时,螺旋线圈靠近底部;当偏移值大于 0 时,螺旋线圈靠近顶部。
- 顺时针和逆时针:设置线圈的绕向。

11. 截面

截面是二维图形中比较特殊的一个,它不是一个简单的二维图形,而是由一个平面截取一个三维模型所得到的横截面。

创建截面的操作步骤如下。

(1) 根据需要创建一个三维模型。
(2) 打开"创建/图形"命令面板,单击"截面"按钮。在视图中拖动鼠标创建一个网格平面。
(3) 将该平面移到三维模型处,使平面与三维模型相交,交界面的图形会以黄线显示。
(4) 单击"截面参数"卷展栏中的"创建图形"按钮,即可完成截面图形的创建。

图 3-23 显示了由截面截取一个茶壶模型产生的截面图形。

图 3-23　茶壶的截面图形

3.1.4 编辑二维图形

编辑二维图形

通过编辑二维图形，可以得到需要的任意形状的图形。一个二维图形包含 3 个子对象层级，即顶点、线段和样条线，通过访问和编辑子对象，可以灵活方便地编辑二维图形。

1. 编辑二维图形的方法

要访问和编辑图形的子对象，就必须将图形转变为可编辑样条线。以下两种方法可将图形转换为可编辑样条线。

（1）在视图中选择要转换的图形，再把光标移到图形处单击鼠标右键，然后在弹出的快捷菜单中选择"转换为 / 转换为可编辑样条线"命令。

（2）使用"编辑样条线"修改器。选择要编辑的图形后，单击命令面板上方的 按钮打开"修改"面板，再单击"修改器列表"框右侧的箭头按钮，然后在弹出的下拉列表中选择"编辑样条线"选项，该修改器的相关参数将显示在"修改"面板的下方。

以上两种方法均可以进入顶点、线段和样条线 3 个子对象层级，进行图形的编辑操作。在"选择"卷展栏中单击 、 、 3 个按钮，可以分别进入顶点、线段和样条线三个子对象层级的编辑状态。

说明： 两种编辑二维图形的方法稍有不同。将图形转换成可编辑样条线将丢失图形的创建参数，而使用"编辑样条线"修改器则可保留图形的创建参数。

用"线"命令创建的图形已经是可编辑的样条线，因此不需要再转换。

2. 编辑顶点

将图形转换成可编辑样条线或应用了"编辑样条线"修改器后，单击命令面板"选择"卷展栏中的 按钮或按快捷键 1，即可进入顶点子对象层级进行编辑。

1）选择顶点

进入顶点编辑状态后，除了图形的起始顶点以白色显示之外，其余顶点均显示为黄色。

- 选择单个顶点：在视图中单击要选择的顶点即可。选中的顶点显示为红色。
- 选择多个顶点：按住 Ctrl 键，依次单击所要选择的顶点，即可同时选择多个顶点。按住 Ctrl 键，单击选中的某个顶点，则可取消对该顶点的选择。
- 选择一个区域内的所有顶点：在视图中按住鼠标左键拖动，跟随鼠标的移动会出现一个虚框，释放鼠标后，被虚框框住的顶点均被选择。

2）改变顶点类型

通过改变顶点的类型，可以灵活改变二维图形的形状。将光标移到要改变类型的顶点处单击鼠标右键，在弹出的快捷菜单中可以设置顶点的类型。有以下 4 种类型的顶点可供选择。

- Bezier 角点。该类型的顶点有两个绿色的角度调节柄，分别改变两个调节柄的方向可调整顶点处的角度。
- Bezier。该类型的顶点同样提供两个调节柄，这两个调节柄相互关联，始终成一直线并与顶点相切。

- 角点。该类型的顶点不提供调节柄，顶点两端的线段成任意角度。
- 平滑。该类型的顶点不提供调节柄，顶点两端的线段非常平滑。

4 种顶点类型如图 3-24 所示。

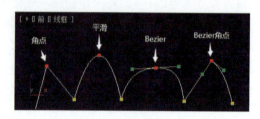

图 3-24　4 种顶点类型

3) 常用顶点编辑命令

选择顶点后，可以使用工具栏上的 ✥、◯、▣ 按钮对顶点进行移动、旋转和缩放等编辑操作，达到修改图形的目的。除此以外，命令面板的"几何体"卷展栏中还包含许多编辑顶点的命令。下面介绍几个常用的编辑顶点的命令。

- 焊接。将两个端点顶点或同一样条线中的两个相邻顶点焊接为一个顶点。选择要焊接的两个顶点后，单击"焊接"按钮，如果这两个顶点在按钮右侧由"焊接阈值"微调器设置的单位距离内，则将焊接为一个顶点。
- 连接。连接两个端点顶点以生成一个线性线段。单击"连接"按钮后，将鼠标光标移到某个端点顶点处，使光标变成十字形，然后从该端点顶点拖动到另一个端点顶点即可。
- 插入。可插入一个或多个顶点。单击"插入"按钮后，在线段中的任意位置单击鼠标可以插入顶点，单击鼠标右键结束插入顶点的操作。
- 圆角和切角。单击"圆角"按钮后，把光标移到要转为圆角的顶点处拖动鼠标，即可在该顶点的位置设置圆角。单击"切角"按钮后拖动某个顶点，则可在该顶点处设置倒角。圆角和切角的效果如图 3-25 所示。

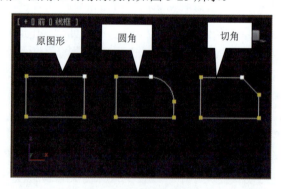

图 3-25　圆角和切角

- 删除。选择顶点后，单击"删除"按钮或按快捷键 Delete 可删除所选顶点。

3. 编辑线段

单击命令面板"选择"卷展栏中的 ▱ 按钮或按快捷键 2，即可进入线段子对象层级进行编辑。

1) 改变线段类型

选择线段后,单击鼠标右键,在弹出的快捷菜单中选择"线"或"曲线"命令,即可设置线段类型。

- 线。强制线段以直线显示,可以把曲线拉直。
- 曲线。使线段保持原有的曲率。默认的线段类型为"曲线"。

2) 常用线段编辑命令

选择线段后,可使用命令面板"几何体"卷展栏中提供的线段编辑命令编辑线段。

- 删除。选择线段后,单击"删除"按钮或按快捷键 Delete 可删除所选线段。
- 拆分。单击"拆分"按钮,可根据按钮右侧微调器指定的顶点数来拆分所选线段。
- 分离。单击"分离"按钮,可将所选线段从原图形中分离出来,构成一个新的图形。

4. 编辑样条线

单击命令面板"选择"卷展栏中的 按钮或按快捷键 3 ,即可在样条线层级上完成对二维图形的编辑操作。

"几何体"卷展栏中提供的常用样条线编辑命令如下。

- 轮廓。该命令可以生成平行于样条线的轮廓线。单击"轮廓"按钮后,把光标移到要生成轮廓线的样条线处拖动鼠标,即可生成该样条线的轮廓线,如图 3-26 所示。可在"轮廓"按钮右侧的微调框中输入轮廓的宽度。

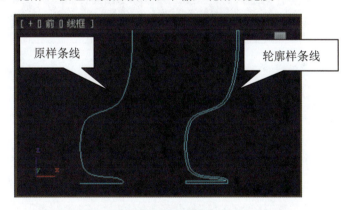

图 3-26　样条线轮廓

- 布尔。该命令可以对两个闭合图形做并集、差集和相交 3 种布尔运算,从而产生一个新的图形,如图 3-27 所示。
- 镜像。单击选择镜像的方向,然后单击"镜像"按钮,即可镜像样条线。有 3 种镜像方向:水平镜像、垂直镜像、双向镜像(即对角线方向),如图 3-28 所示。如果启用"镜像"按钮下面的"复制"选项,则在镜像时会复制样条线。
- 关闭。该命令用于将开放的样条线变成闭合的样条线。

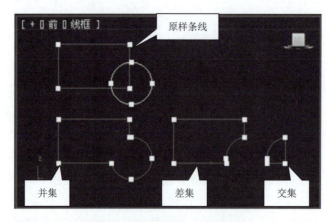

图 3-27　样条线的布尔操作

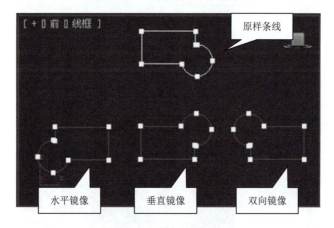

图 3-28　镜像样条线

3.1.5　案例制作：卡通小屋

【案例内容】

卡通房子是动漫场景设计中的一项重要内容。本案例将制作一座卡通小房子，如图 3-29 所示。具体效果请参见本书配套资源"案例文档"文件夹中的文件"案例 4.max"。

卡通小屋主体建模

图 3-29　卡通小屋模型

【操作要点】

(1) 创建二维图形的有关命令及其常用参数。
(2) 通过子对象编辑二维图形。
(3) "挤出"修改器的使用及其常用参数。

【制作思路】

(1) 使用"线"命令勾画卡通房子各个部分的截面图形。
(2) 使用"挤出"修改器,使二维图形产生一定的厚度,从而形成三维模型。

【操作步骤】

1. 勾画卡通房子主体的截面图形

(1) 启动 3ds Max 2014 之后,选择"自定义/单位设置"菜单命令,在弹出的"单位设置"对话框中,将场景单位设置为"厘米"。

(2) 绘制房子截面的初始图形。打开"创建/图形"命令面板,在"对象类型"卷展栏中单击"线"按钮,然后在左视图中多次单击并拖动鼠标,勾画图 3-30 所示的图形。

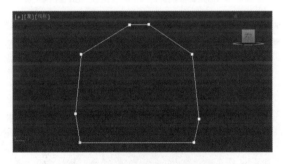

图 3-30　房子截面的初始图形

提示:用"线"命令勾画图形后,可在"修改"命令面板中,单击 Line 前面的"+"号使之展开,再单击"顶点"或按快捷键 1 进入顶点子对象的编辑层级,通过移动顶点的方法进一步调整图形的形状。

(3) 用相同的方法,在左视图中勾画屋顶的截面图形,如图 3-31 所示。

图 3-31　屋顶的截面图形

(4) 进入图形的子对象编辑层级。确认屋顶截面图形被选定,打开"修改"面板,按快捷键 1 进入顶点子对象的编辑层级。选择要调整成平滑线条处的顶点,然后单击鼠标右键,在弹出的快捷菜单中选择"平滑"命令,或是选择 Bezier 命令,通过移动顶点或移动 Bezier 顶点的调节柄,使图形轮廓变得平滑。调整后的屋顶截面图形如图 3-32 所示。

2. 使用"挤出"修改器将二维图形转变成三维模型

（1）在视图中单击选定房子的截面图形，然后单击命令面板上方的 按钮打开"修改"面板，再单击"修改器列表"右侧的下拉按钮，从弹出的列表中选择"挤出"选项。

（2）设置"挤出"修改器的参数。在命令面板的"参数"卷展栏中设置"数量"为600cm。这时勾画的二维图形即变成了三维模型，如图3-33所示。

图3-32　调整后的屋顶截面图形

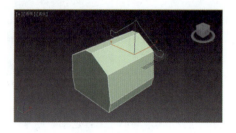
图3-33　将二维图形挤出成三维模型

（3）用相同的方法，对屋顶截面图形使用"挤出"命令，设置其"数量"为640cm。在顶视图中调整屋顶的位置，如图3-34所示。

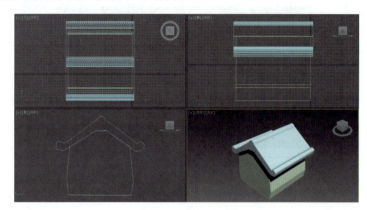
图3-34　挤出屋顶

3. 制作门窗

（1）参照图3-35，使用"线"命令在左视图中勾画门窗的截面图形。

（2）打开"修改"面板，使用"挤出"命令挤出门窗的厚度，如图3-36所示。

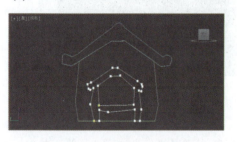
图3-35　勾画门窗的截面图形

图3-36　挤出门窗的厚度

（3）制作房子侧面的窗户。用相同的方法，在前视图中勾画窗户的截面图形，并挤出

卡通小屋门窗建模

其厚度,如图3-37所示。

图 3-37　制作侧面窗户

4．制作阁楼

(1) 在前视图中勾画阁楼的截面图形。

(2) 使用"挤出"命令挤出阁楼的厚度,如图3-38所示。

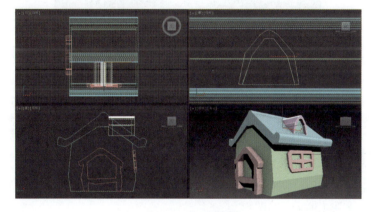

图 3-38　制作阁楼

5．制作栅栏

(1) 使用"线"命令勾画一块块木板,并挤出厚度,如图3-39所示。

图 3-39　制作组成栅栏的木板

栅栏建模

(2) 按照图3-40所示,将木板拼成栅栏。

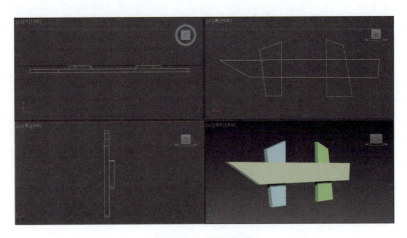

图 3-40　制作栅栏

(3) 用相同的方法,制作另一组栅栏,并移动到小房子旁边,如图 3-41 所示。

图 3-41　完成后的栅栏

6. 制作地面

(1) 打开"创建/图形"命令面板,在"对象类型"卷展栏中单击"圆"按钮,在顶视图中创建一个半径为 1500cm 的圆形。

(2) 打开"修改"面板,对圆形使用"挤出"命令,设置挤出的"数量"值为 1。

(3) 将圆形对象移到房子的下面,作为地面,如图 3-42 所示。

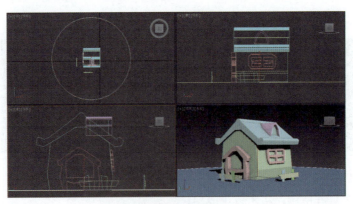

图 3-42　制作地面

7. 设置渐变的渲染背景

(1) 选择"渲染/环境"菜单命令,打开"环境和效果"对话框。在"背景"栏中,单击"无"按钮。在弹出的"材质/贴图浏览器"对话框中双击"渐变"选项。最后关闭"环境和效果"对话框。

(2) 单击工具栏中的 按钮,对透视图进行渲染。这时可以看出渲染背景变成了黑、灰、白的渐变色。

(3) 调整渐变色。单击工具栏中的"材质编辑器"按钮 或按快捷键 M,打开"材质编辑器"窗口,将"环境和效果"对话框"背景"栏中的环境贴图拖放到材质编辑器的示例球中,并在材质编辑器的"坐标"卷展栏中,设置"贴图"为"屏幕",这时材质编辑器的示例窗口中即显示出了黑白渐变色。

(4) 在材质编辑器的"渐变参数"卷展栏中,将"颜色 #1"设置为蓝色,将"颜色 #2"设置为浅蓝色,将"颜色 #3"设置为白色。

(5) 单击工具栏中的 按钮,对透视图进行渲染。

3.1.6 知识拓展:二维到三维的常用修改器

创建二维图形的目的常常是需要在二维图形的基础上生成复杂的三维模型。二维图形可以通过多种方法快速变成三维模型,如使用"挤出""车削"等修改器,或者使用"放样"工具等。从二维到三维是最常用的三维建模途径之一。

1. 选择修改器的一般方法

(1) 选择要应用修改器的图形后,单击命令面板上方的 按钮打开"修改"面板。

(2) 单击"修改器列表"右侧的下拉按钮,从弹出的修改器列表中选择要使用的修改器。

2. "挤出"修改器

使用"挤出"修改器可以将二维图形挤出厚度,这是一种最简单的将二维图形转变成三维模型的方法。

"挤出"修改器的参数如图 3-43 所示。

图 3-43 "挤出"修改器的参数

- 数量:设置二维图形挤出的厚度。
- 分段:设置挤出对象在厚度方向上的分段数。
- 封口:"封口始端"在挤出对象的始端生成一个平面,"封口末端"在挤出对象的末端生成一个平面。

3. "倒角"修改器

"倒角"修改器也可以将二维图形挤出一定的厚度,常用于文字模型和徽标的处理。与"挤出"修改器不同的是,"倒角"修改器能够在三维模型的边缘产生平的或圆的倒角效果,如图 3-44 所示。

"倒角"修改器的参数如图 3-45 所示。

图 3-44 "倒角"修改器的效果   图 3-45 "倒角"修改器的参数

1) "参数"卷展栏
- 封口:设置生成的倒角对象是否需要封口。
- 曲面:控制曲面侧面的曲率、平滑度和贴图。
① 线性侧面:将倒角内部的片段划分为直线方式。
② 曲线侧面:将倒角内部的片段划分为弧形方式。通过设置下面的"分段"值,可以使弧形倒角更加平滑。
③ 级间平滑:对倒角进行平滑处理。
- 相交:选中"避免线相交"复选框,可以防止尖锐折角产生的突出变形。

2) "倒角值"卷展栏
- 起始轮廓:设置原始图形轮廓的大小。默认值为 0,非 0 设置会改变原始图形的大小。
- 级别 1、级别 2、级别 3:分别设置 3 个级别的高度和轮廓。"轮廓"值小于 0 时,形成向内的倒角;"轮廓"值大于 0 时,形成向外的倒角。

4. "倒角剖面"修改器

"倒角剖面"修改器在二维图形的基础上,使用另一个样条图形作为倒角的横截剖面来挤出图形。下面以制作米奇标志为例,简单介绍"倒角剖面"修改器的作用及用法。

(1) 制作二维的米奇标志图形,再用"矩形"命令创建一个较小的圆角矩形作为倒角横截剖面,如图 3-46 所示。

(2) 选择米奇图形,在"修改"命令面板的"修改器列表"中选择"倒角剖面"修改器,在"参数"卷展栏中,单击"拾取剖面"按钮,然后把光标移到视图中单击圆角矩形,即可生成一个三维的米奇模型，其横截剖面则是圆角矩形。结果如图3-47所示。

图3-46　倒角剖面对象的原始图形

图3-47　横截剖面图形与倒角剖面对象(1)

下面修改作为横截剖面的图形，观察生成的倒角剖面对象的变化。

(3) 将圆角矩形转换为可编辑样条线，通过编辑顶点的方法改变矩形的形状，结果如图3-48所示。

图3-48　横截剖面图形与倒角剖面对象(2)

3.2 案例5：花瓶建模——使用"车削"修改器产生三维模型

3.2.1 "车削"修改器

"车削"修改器的作用是通过绕指定的轴旋转二维图形而得到三维模型，它也是将二维图形转换成三维模型的一种重要方法，常用来建立如柱子、花瓶、盘子、盆子等轴对称模型。

选择要应用"车削"修改器的二维图形，然后单击"修改"面板中"修改器列表"框右侧的下拉按钮，从弹出的列表中选择"车削"选项，即可对所选二维图形应用"车削"修改器。

"车削"修改器的参数如图3-49所示。

- 度数：设置二维图形绕转轴旋转的角度，取值范围为0～360，默认值为360.0。
- 焊接内核：选中该复选框后，将焊接旋转轴中心的顶点，以简化网格面。
- 翻转法线：选中该复选框后，将使旋转物体表

图3-49　"车削"修改器的参数

面法线反向，即旋转物体由内至外翻了个面。
- 分段：设置旋转得到的三维模型在圆周方向上的分段数，该值越大，物体表面就越平滑。其默认值为16。
- 封口：如果车削对象的"度数"小于360，则可通过该选项控制是否在车削对象内部创建封口。
- 方向：设置旋转的转轴。默认情况下，二维图形将绕Y轴旋转。
- 对齐：设置转轴对齐在二维图形的哪个位置。这是一个非常重要的参数，转轴的对齐位置将直接影响最后得到的三维模型的外形。可将转轴对齐在以下3个不同的位置。

① 最小：将转轴对齐在图形的最小坐标处。
② 中心：将转轴对齐在图形的中心。
③ 最大：将转轴对齐在图形的最大坐标处。

转轴的位置还可以任意调整。应用了"车削"修改器后，在"参数"卷展栏上方的修改器堆栈列表中，单击"车削"前面的加号使之展开，如图3-50所示，再单击分支中的"轴"，然后使用移动工具 可以任意调整转轴位置。

图3-50 选择"车削"修改器下的子对象"轴"

3.2.2 案例制作：花瓶

【案例内容】

本案例使用"车削"修改器制作图3-51所示的花瓶模型，具体效果请参见本书配套资源"案例文档"文件夹中的文件"案例5.max"。在后面第5章的材质和贴图中，将为这个花瓶模型指定不同的材质，使其呈现出多种视觉效果。

【操作要点】

(1) 创建和编辑二维图形。
(2) 使用"车削"修改器。

图3-51 花瓶模型

【制作思路】

(1) 首先使用"线"命令勾画花瓶的截面图形。
(2) 编辑截面图形，产生轮廓线。
(3) 使用"车削"修改器，将截面图形旋转成三维模型。

花瓶建模

【操作步骤】

1. 创建花瓶的截面图形

(1) 启动3ds Max 2014后，打开"创建/图形"命令面板，单击"对象类型"卷展栏中的"线"按钮,然后在前视图中绘制图 3-52 所示的图形。

(2) 调整花瓶截面的初始线条使其变平滑。确认绘制的图形被选定,打开"修改"命令面板,单击 Line 前面的"+"号使之展开,再单击"顶点"或按快捷键 1 进入顶点子对象的编辑层级(也可在"选择"卷展栏中单击 按钮进入顶点子对象的编辑层级)。

(3) 选择要调整成平滑线条处的顶点,然后单击鼠标右键,从弹出的快捷菜单中选择 Bezier 命令,通过移动顶点或移动 Bezier 顶点的调节柄,使图形轮廓变得平滑,如图 3-53 所示。

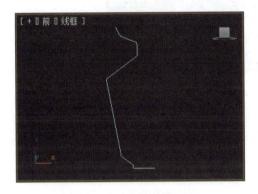

图 3-52 花瓶截面的初始线条

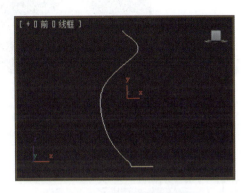

图 3-53 平滑后的截面图形

(4) 按快捷键 3 进入样条线编辑层级,单击选择截面图形后,使用"几何体"卷展栏中的"轮廓"命令,生成截面图形的轮廓线,结果如图 3-54 所示。

2. 使用"车削"修改器将截面图形旋转成三维模型

(1) 确认花瓶截面图形处于选定状态,单击"修改器列表"右侧的下拉按钮,从弹出的下拉列表中选择"车削"选项。这时从视图中可以看到截面图形随即旋转成了三维模型,如图 3-55 所示。

图 3-54 生成截面图形的轮廓线

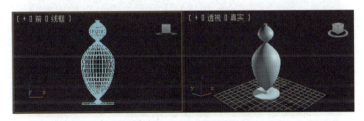

图 3-55 旋转得到的三维模型

(2) 在"车削"修改器"参数"卷展栏的"对齐"栏中单击"最大"按钮,即可将转轴对齐在图形的最大坐标处,再设置"分段"为 30,结果如图 3-56 所示。至此,就完成了花瓶模型的制作。

(3) 在透视图中单击,然后单击工具栏中的 按钮渲染该视图,观察花瓶模型的效果。

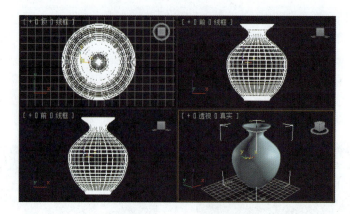

图 3-56　完成后的花瓶模型

3.3　案例 6：饮料瓶建模——创建放样复合对象

3.3.1　"放样"命令

1. 放样的有关概念

在二维图形的基础上产生三维模型的另一条重要途径是使用"放样"命令，与前面介绍的"挤出""倒角""车削"等命令相比，使用"放样"命令可以得到更复杂、更灵活多变的三维模型。

放样是一种创建复合对象的工具，它可以将二维图形放样成三维模型。该命令位于"创建/几何体/复合对象"命令面板中。

所谓"放样"，是指将一个或多个二维图形放置在一条三维空间的路径上，使它沿着这条路径挤出生成三维模型。例如，将圆环沿着一条曲线放样，即可得到一根管道，如图 3-57 所示。

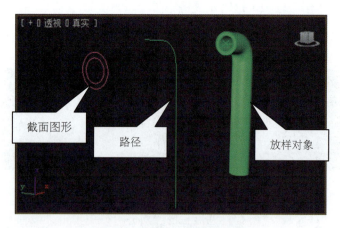

图 3-57　圆环沿一条曲线放样

放样是产生复杂三维模型的重要方法之一。放样至少需要两个二维图形，一个作为路径，另一个作为放样生成物的横截面。

1) 截面图形

截面图形是指用于放样成三维模型的横截面。截面图形可以是闭合的，也可以是开放的。生成放样对象时，可以同时在一条放样路径上放置多个不同的截面图形，这样就能得到更为复杂的三维造型。

2) 放样路径

可以把放样路径看作是一个容纳图形的地方，截面图形就是沿着路径进行放样(堆叠)。放样路径可以是闭合的，也可以是开放的。

3) 放样对象

使用"放样"命令将截面图形沿路径伸展后所得到的三维模型，称为放样对象。对于同一个放样对象来说，可以有多个截面图形，但路径却只能有一条。

2．创建放样对象的一般操作步骤

(1) 创建要作为放样路径的图形，以及要作为放样横截面的一个或多个图形。

(2) 选择路径图形，再在"创建/几何体/复合对象"命令面板中选择"放样"命令，然后在"创建方法"卷展栏中单击"获取图形"按钮，最后在视图单击截面图形。

或者先选择截面图形，然后单击"获取路径"按钮，最后在视图中单击放样路径。

3．"放样"命令的常用参数

选择放样对象后，单击命令面板中的  按钮打开"修改"面板，在修改器堆栈列表中将显示 Loft 工具，其参数面板也将显示在"修改"面板的下方，如图 3-58 所示。

1) "创建方法"卷展栏

图 3-58　"放样"命令的参数

- 获取路径：如果单击"放样"按钮之前选择的是截面图形，那么此时就应单击"获取路径"按钮获取路径。
- 获取图形：如果单击"放样"按钮之前选择的是想作为路径的图形，那么此时就应单击"获取图形"按钮获取截面图形。
- 移动/复制/实例：用于指定路径或图形转换为放样对象的方式。在"移动"的情况下不会保留原图形副本。如果创建了放样对象后要进一步编辑路径，则应选中"实例"单选按钮。

2) "路径参数"卷展栏

该卷展栏用于设置在放样路径上放置多个截面图形时，各个截面图形之间的距离。

- 路径：该文本框中的数值指定所选的截面图形在路径上的位置。
- 捕捉：用于设置沿着路径图形之间的恒定距离。当选中"启用"复选框时，"捕捉"处于活动状态。默认设置为禁用状态。
- 百分比：用路径的百分比来指定截面图形的位置。
- 距离：用从路径开始的绝对距离来指定截面图形的位置。
- 路径步数：用表示路径样条线的顶点和步数来指定横截面的位置。

3.3.2 案例制作：饮料瓶

饮料瓶建模

【案例内容】

本案例使用"放样"命令制作图 3-59 所示的饮料瓶模型，具体效果请参见本书配套资源"案例文档"文件夹中的文件"案例 6.max"。

【操作要点】

(1) "放样"命令的基础使用方法。
(2) 多截面放样。
(3) 放样变形。

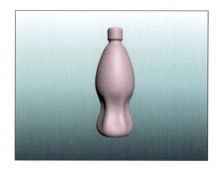

图 3-59 饮料瓶模型

【制作思路】

(1) 绘制饮料瓶的放样路径(直线)和不同的截面图形(星形和圆形)。
(2) 使用放样命令进行放样，再应用缩放变形工具调整出饮料瓶的形状。

【操作步骤】

1. 绘制放样路径和截面图形

(1) 启动 3ds Max 2014 之后，打开"创建/图形"命令面板，分别使用"线""圆形""星形"命令，在前视图中创建图 3-60 所示的直线、圆形和星形。其中，星形和圆形将作为瓶子的截面图形，直线将作为放样路径。注意，为了后面方便放样操作，绘制直线时，应从下往上绘制。

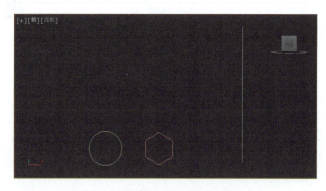

图 3-60 瓶子的截面图形和放样路径

(2) 设置圆形的半径为3cm。设置星形的"半径1"为4cm，"半径2"为3.2cm，"点"为6，"圆角半径1"为0.8cm，"圆角半径2"为0.4cm。

2. 放样

(1) 单击直线选择放样路径，然后打开"创建/几何体/复合对象"命令面板，在"对象类型"卷展栏中单击"放样"按钮后，在"创建方法"卷展栏内单击"获取图形"按钮，然后在前视图中单击圆形获取截面图形。这时，视图中即出现了一个柱形放样对象。

(2) 在命令面板的"路径参数"卷展栏中,将"路径"值改为 15,此时从前视图中可以观察到放样对象的路径上有一个黄色的"×"标记,它表示当前所要获取的截面图形在路径上的位置。再单击"获取图形"按钮,然后在视图中单击选择星形,结果如图 3-61 所示。

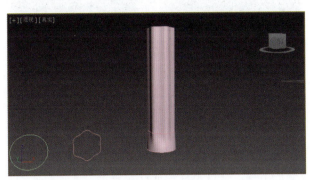

图 3-61 放样结果

仔细观察柱形放样对象的底部,可以看出圆形截面向星形截面过渡的位置有些扭曲。这是因为圆形和星形两个图形的起始点位置不同,从而导致了放样对象的扭曲现象。下面我们就检查并调整各个截面图形的起始点,使它们对齐。

(3) 确认柱形放样对象处于选定状态,打开"修改"命令面板,在修改器堆栈列表中,单击 Loft 前面的加号使之展开,再单击子对象"图形",这时,"图形命令"卷展栏即出现在命令面板中。

(4) 单击"图形命令"卷展栏中的"比较"按钮,弹出"比较"对话框。单击对话框左上角的"拾取图形"按钮,再把光标移到视图中放样对象的圆形处,这时光标旁出现了一个加号。单击鼠标左键后,圆形即出现在"比较"对话框中。用相同的方法拾取星形,结果如图 3-62 所示。

(5) 注意观察"比较"对话框中圆形和星形上的起始顶点标志,从图 3-62 中可以看出,两个图形的起始点没有对齐在一条水平线上。单击工具栏中的 按钮,在视图中旋转星形,使星形和圆形的起始点都大致对齐在一条水平线上,如图 3-63 所示。

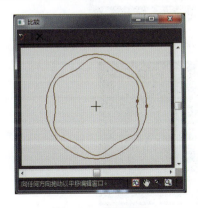
图 3-62 拾取图形

图 3-63 对齐不同截面图形的起始点

(6) 将"路径"参数的值改为 30,单击"获取图形"按钮,然后在视图中单击选择星形。最后将"路径"参数的值改为45，再单击"获取图形"按钮，在视图中单击选择圆形。结果如图3-64所示。

图 3-64　在直线路径上放置星形和圆形后的放样对象

下面将使用缩放变形工具，把这个柱形放样对象调整成饮料瓶的造型。

3．缩放变形

（1）确定放样对象为选定状态，打开"修改"命令面板，在"变形"卷展栏中单击"缩放"按钮，然后在打开的"缩放变形"窗口中，单击"插入角点"按钮，在红色的缩放曲线上添加8个角点。

（2）在添加的角点处单击鼠标右键，在弹出的快捷菜单中选择"Bezier-平滑"命令。参照图3-65，使用移动工具移动曲线上点的位置，把曲线形状调整成饮料瓶的侧面曲线。这样一个饮料瓶的模型就制作完成了，如图3-66所示。

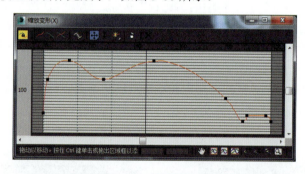

图 3-65　缩放变形

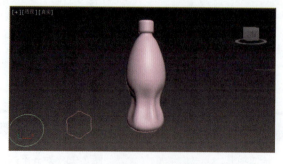

图 3-66　完成后的饮料瓶模型

3.3.3 知识拓展：放样变形

选定放样对象并打开"修改"命令面板后，命令面板的底部会出现"变形"卷展栏，该卷展栏中提供了 5 个放样变形命令，如图 3-67 所示。对放样对象来说，使用"变形"卷展栏中的各种变形命令，可以实现对放样对象的修饰处理，以产生更加复杂的三维模型。

提示："变形"在"创建"面板上不可用。必须在生成放样对象之后，打开"修改"面板才能访问"变形"卷展栏。

图 3-67　"变形"卷展栏

1. 缩放变形

缩放变形工具对放样路径上的截面图形大小进行缩放，使获得同一造型的截面在路径上的不同位置具有不同大小比例的特殊效果。案例 6 就是使用了缩放变形工具来调整饮料瓶的侧面曲线。

2. 扭曲变形

扭曲变形工具使放样对象的截面图形沿路径所在的轴旋转，以形成扭曲的造型。

3. 倾斜变形

倾斜变形工具主要用于改变放样对象在路径始末端的倾斜度。图 3-68 所示的圆珠笔模型其放样路径为直线，截面图形为圆环。经过缩放变形使圆珠笔笔杆的底部缩小，倾斜变形产生笔杆顶部的倾斜效果。

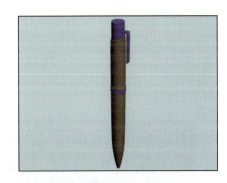

图 3-68　圆珠笔模型

4. 倒角变形

倒角变形工具通过设置变形曲线使放样对象的边缘产生倒角效果。图 3-69 所示的倒角文字是对放样对象使用倒角变形制作出来的，其截面图形是文本文字图形，放样路径是一条直线段。

5. 拟合变形

拟合变形用于根据自己定义的截面造型来产生模型。其基本思想是通过使用两条修正曲线定义放样对象的顶面和侧面轮廓。通常，当想要通过轮廓线生成放样对象时就可以使用拟合变形，如图 3-70 所示。

图 3-69　使用倒角变形制作的倒角文字

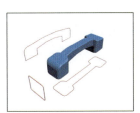

图 3-70　拟合变形

3.4 实操训练

3.4.1 罐子

【实训内容】

参照本书配套资源上"实操训练"文件夹中的文件"实训3-1.max",制作一个带盖子的罐子模型,其效果如图 3-71 所示。

图 3-71 罐子模型

【实训重点】

(1) 创建及编辑二维图形。
(2) 使用"车削"修改器旋转二维图形,得到三维模型。

【操作提示】

(1) 启动 3ds Max 2014 之后,打开"创建/图形"命令面板,使用"线"命令在前视图中创建罐子的初始截面图形,如图 3-72 所示。

(2) 在"修改"命令面板的"修改器列表"中展开 Line 层级,单击其中的"顶点"或按快捷键 1 进入顶点编辑状态,通过调整顶点的类型及位置,使罐子的截面图形变得平滑,结果如图 3-73 所示。

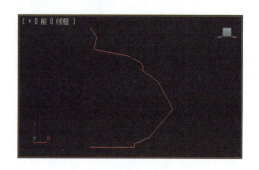

图 3-72 罐子的初始截面图形

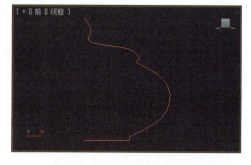

图 3-73 调整后的罐子截面图形

(3) 单击"修改器列表"中的 Line 选项,回到线的编辑状态。确认罐子图形被选定,在"修改器列表"中选择"车削",线条即被旋转成了三维模型。在"参数"卷展栏中设置"分段"为 30,"对齐"为"最小",即得到一个带盖子的罐子模型。

3.4.2 卡通路灯

【实训内容】

参照本书配套资源上"实操训练"文件夹中的文件"实训 3-2.max",制作一个卡通效果的路灯模型,如图 3-74 所示。

图 3-74 卡通路灯模型

【实训重点】

(1) 使用"放样"命令创建放样对象。
(2) 在放样路径上放置多个截面图形。
(3) 放样变形的使用。

【操作提示】

(1) 创建路灯的截面图形和放样路径。启动 3ds Max 2014 后，打开"创建/图形"命令面板，分别使用"对象类型"卷展栏中的"线""圆""星形"命令，参照图 3-75，在前视图中绘制各个图形。

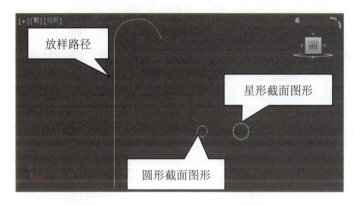

图 3-75　路灯的截面图形和放样路径

(2) 单击作为放样路径的曲线，然后打开"创建/几何体/复合对象"命令面板，在"对象类型"卷展栏中单击"放样"按钮后，在"创建方法"卷展栏内单击"获取图形"按钮，通过设置不同的"路径"值，将星形和圆形放置在路径的不同位置。

(3) 缩放变形。确定放样对象为选定状态，打开"修改"命令面板，在"变形"卷展栏中单击"缩放"按钮，然后在打开的"缩放变形"窗口中，单击"插入角点"按钮，在红色的缩放曲线上添加几个角点，并参照图 3-76，调整、缩放曲线。调整曲线形状的同时，注意观察透视图中路灯形状的变化，如图 3-77 所示。

图 3-76　调整、缩放变形曲线

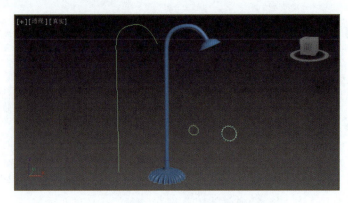

图 3-77　调整、缩放曲线后的路灯造型

　　(4) 制作灯泡。使用"创建/几何体"命令面板中的"球体"命令，在视图中创建一个球体，并把球体移动到路灯灯罩的位置。

　　(5) 单击工具栏中的 按钮渲染透视图。

第 4 章 模型编辑

【本章导读】

很多时候，由几何体构造出来的三维模型或直接由二维图形得到的三维模型，并不能完全满足我们的造型要求，这时，就需要对三维模型做进一步的编辑和加工，从而得到更为复杂、更为精致的三维造型。

3ds Max 2014 提供了许多现成的编辑修改器，使用这些编辑修改器，可以让非常简单的三维模型发生令人吃惊的变化。本章将通过两个具体的造型实例，重点介绍几种常用的编辑修改器及其有关参数。

【内容要点】

1. 修改器堆栈的使用。
2. 常用修改器的功能及参数。
3. 通过三维模型的子对象编辑三维模型。

4.1 案例 7：弯曲文字建模——使用"弯曲"修改器

4.1.1 修改器堆栈

1. "修改"命令面板

3ds Max 提供了大量的用于改变模型几何形状和属性的修改器。选择想要修改的模型后，单击命令面板上方的 ![] 按钮，即可打开"修改"命令面板。"修改"命令面板的"修改器列表"中，列出了"选择修改器""世界空间修改器""对象空间修改器"等几大类修改器，每个修改器都有自己的参数集合，通过参数的设置来达到修改模型的目的。可以根据需要选择要应用的修改器，一个模型可以被应用多个修改器。

"修改"命令面板主要由 4 个部分组成：名称和颜色区、修改器列表、修改器堆栈和参数面板，如图 4-1 所示。其中，参数面板的具体内容由当前所选编辑修改器决定。

2. 修改器堆栈的构成

"修改"命令面板的修改器堆栈列表

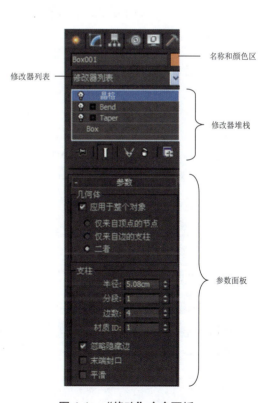

图 4-1 "修改"命令面板

中，显示了所选对象从创建到修改所使用过的所有命令。如果一个三维模型是通过使用若干修改器而得到的，那么，原始的创建命令以及所有修改器命令都会按照使用顺序排列在修改器堆栈列表中。最先使用的命令位于堆栈底部，最后使用的命令位于堆栈的顶部。

例如，从图 4-1 的修改器堆栈列表中可以看出，名为 Box001 的三维模型首先由 Box 命令创建，然后先后应用了 Taper、Bend、晶格三个修改器。

通过修改器堆栈，可以回到前面使用过的创建或修改命令，然后根据需要重新设置该命令的有关参数。

3. 修改器堆栈的常用操作

1) 激活或停止修改器产生的效果

在修改器堆栈列表显示的每个修改器命令前面，都有一个 图标，单击该图标使之变成 后，当前修改器命令对物体产生的效果就会被暂时取消，这样你就能迅速知道，如果没有当前修改器的作用，三维体会是什么样子。

2) 显示或关闭最后效果

在修改器堆栈列表的下方，有一个 按钮，该按钮默认为打开状态，这时，对象呈现出堆栈中所有命令的共同作用效果，即最后效果。当该按钮被关闭时，则只显示出对象到堆栈当前修改器命令的变化效果，而当前修改器命令以上的所有修改器命令的作用暂时被取消。

3) 从堆栈中删除修改器

单击修改器堆栈列表下方的 按钮，可以删除堆栈中的当前修改器，以彻底取消该修改器对模型产生的作用。

4.1.2 案例制作：弯曲文字模型

【案例内容】

本案例将运用"弯曲"修改器，制作弯曲文字特效模型，如图 4-2 所示。具体效果请参见本书配套资源"案例文档"文件夹中的文件"案例 7.max"。

【案例要点】

(1) 修改器堆栈的应用。
(2) "弯曲"修改器的使用。

【制作思路】

(1) 创建三维文字模型。
(2) 对三维文字模型应用"弯曲"修改器。

图 4-2　弯曲文字模型

【操作步骤】

1. 创建三维文字模型

(1) 创建文字的二维图形。启动 3ds Max 2014 后，单击命令面板上方的"图形"按钮，然后在"对象类型"卷展栏中单击"文本"按钮，再在"参数"卷展栏的"文本"输入框中输入"欢迎光临"四个字，在字体列表中选择"隶书"，并设置"大小"为40。

（2）将光标移到前视图中单击鼠标左键，二维文字图形"欢迎光临"即出现在视图中，如图4-3所示。

图4-3　创建二维文字图形

（3）将二维文字图形变成三维模型。确认文字图形被选定，单击命令面板上方的"修改"按钮，再在"修改器列表"中选择"挤出"。在命令面板的"参数"卷展栏中设置"数量"值为10，这时二维文字图形即转变成三维模型，如图4-4所示。

图4-4　生成三维文字模型

2．应用"弯曲"修改器

（1）选择三维文字模型后，打开"修改"命令面板，在"修改器列表"中选择"弯曲"修改器。这时文字模型上出现了一个被称为"Gizmo"的橙色外框。

提示：对三维模型应用修改器后，模型上会出现Gizmo框，调整Gizmo的位置或旋转其角度，会对模型产生较大的影响。

（2）设置"弯曲"修改器的参数。在命令面板的"参数"卷展栏中，设置"角度"为120，设置弯曲轴为X，这时文字模型的弯曲效果如图4-5所示。

（3）继续在命令面板的"参数"卷展栏中，设置"方向"为90，这时文字模型的弯曲效果如图4-6所示。

图 4-5　弯曲效果(1)　　　　　　　　　　　图 4-6　弯曲效果(2)

(4) 在"参数"卷展栏中调整"角度"值为 200，这时文字模型的弯曲效果如图 4-7 所示。

3．调整 Gizmo 的位置

(1) 选择三维文字模型后，在【修改器列表】下面的修改器堆栈中，单击 Bend(弯曲)前面的"+"号使之展开，再选择下面的 Gizmo，如图 4-8 所示。

图 4-7　弯曲效果(3)　　　　　　　图 4-8　在修改器堆栈中选择 Gizmo

(2) 在修改器堆栈中选择了 Gizmo 后，视图中的橙色 Gizmo 即变成了黄色显示，这时可以通过对 Gizmo 的移动、旋转等操作来控制模型的效果。在前视图中向上移动 Gizmo，会得到如图 4-9 所示的弯曲文字造型。

图 4-9　移动 Gizmo 的位置后效果

4.1.3 知识拓展：常用修改器

3ds Max 2014 提供了大量的修改器，在前面的案例 7 中，只应用了对象空间修改器中的"弯曲"修改器。下面，再对其他几种常用修改器及其参数做一简单介绍。

1. 锥化

"锥化"修改器可以通过缩放物体的两端来产生锥形轮廓从而修改物体的造型。对物体可以进行整体的锥化，也可以进行局部的锥化。图 4-10 所示是对管状体应用"锥化"修改器后产生的不同效果。

"锥化"修改器的参数如图 4-11 所示。

图 4-10　锥化效果　　　　　　　　图 4-11　"锥化"修改器的参数

- 锥化：该参数栏用于设置模型的锥化程度和侧面的曲线轮廓，其中包含以下两个参数。

① 数量：设置锥化的程度。

② 曲线：对锥化 Gizmo 的侧面应用曲率。正值会沿着锥化侧面产生向外的曲线，负值产生向内的曲线，值为 0 时，侧面不变。其默认值为 0。需要注意的是，模型在锥化轴向上的分段数会影响曲线侧面的平滑程度，分段数越大，表面曲线就越平滑。图 4-12 所示是在管状体高度方向上设置不同分段数产生的不同锥化效果。

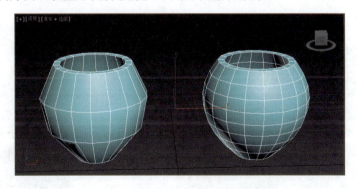

图 4-12　不同分段数对锥化曲面的影响

- 锥化轴：该参数栏指定锥化的轴向。默认值为 Z 轴。
- 限制：设置锥化的界限。只有当选中"限制效果"复选框时，在该参数栏中设置的锥化界限才生效。
① 上限：设置锥化的上限。
② 下限：设置锥化的下限。

2. 扭曲

"扭曲"修改器的作用是使三维模型发生扭转，以产生类似螺旋状的效果。图 4-13 所示是一个长方体扭曲后的效果。

"扭曲"修改器的参数如图 4-14 所示。

图 4-13　扭曲效果

图 4-14　"扭曲"修改器的参数

- 扭曲：此参数栏用于设置扭曲程度。其中包含以下两个参数。
① 角度：设置三维模型的扭曲角度。
② 偏移：设置扭曲中心的偏移距离，取值范围为-100～100。
- 扭曲轴：设置发生扭曲的轴向。
- 限制：设置扭曲的上限和下限。

3. 噪波

"噪波"修改器可以使对象表面产生起伏不平的效果，常用来制作复杂的地形、地面、有波浪的水面等，也可以利用"噪波"修改器的"动画"参数，制作飘动的旗帜等动画效果。图 4-15 所示是对平面应用"噪波"修改器制作的山脉。

"噪波"修改器的参数如图 4-16 所示。

图 4-15　使用"噪波"修改器制作的山脉

图 4-16　"噪波"修改器的参数

- 噪波：此参数栏用于设置噪波模式，其中包含以下几个参数。
① 种子：设置产生噪波的随机数生成器，"种子"的值不同，噪波的模式也就不一样。
② 比例：设置噪波的缩放比例。比例值越大，噪波就越粗大，反之，比例值越小，产生的噪波就越细小。
③ 分形：产生分形干扰，该选项可以在噪波的基础上再生成不规则的复杂外形。当该选项被激活后，就可以设置控制噪波总体粗糙度的"粗糙度"参数和控制噪波精度的"迭代次数"参数。
- 强度：设置3个轴向上的噪波强度。
- 动画：设置噪波的动态效果。当选中该参数栏中的"动画噪波"复选框后，即可自动产生三维体的表面变形动画效果。
① 频率：设置噪波动画的速度。较高的频率使得噪波振动得更快，而较低的频率则产生较为平滑温和的噪波。
② 相位：设置噪波波形移动的开始点和结束点。

4．晶格

"晶格"修改器将模型的线段或边转化为圆柱形结构，并在顶点上产生可选的节点多面体。使用"晶格"修改器可以在模型的网格结构基础上创建可渲染的几何体结构，以获得线框渲染效果。图4-17所示是对球体和长方体应用"晶格"修改器的效果。

"晶格"修改器的参数如图4-18所示。

图4-17 "晶格"修改器的效果　　图4-18 "晶格"修改器的参数

- 几何体：指定将晶格效果应用于整个对象还是仅应用于选中的子对象，并设置是否显示晶格结构中的支柱和节点这两个组件。
① 仅来自顶点的节点：仅显示由原始网格顶点产生的关节点。
② 仅来自边的支柱：仅显示由原始网格线段产生的支柱。
③ 二者：同时显示节点和支柱，如图4-19所示。
- 支柱：此参数栏用于控制晶格结构中的支柱。
① 半径：设置支柱的半径。
② 分段：设置支柱的分段数。

③ 边数：设置支柱周边的边数。

④ 材质 ID：指定支柱的材质 ID。使支柱和节点具有不同的材质 ID，是为了给它们指定不同的材质。支柱默认的材质 ID 为 1。

- 节点：此参数栏用于设置节点的类型，包括四面体、八面体、二十面体。

① 半径：设置节点的半径。

② 分段：设置节点的分段数。

③ 材质 ID：指定节点的材质 ID，默认为 2。

④ 平滑：将平滑应用于节点。

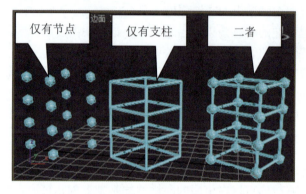

图 4-19　节点和支柱

5．涟漪

"涟漪"修改器的作用是在三维模型的表面形成一串同心的波纹，从而产生波形效果。图 4-20 所示是在一个平面的基础上形成的波纹效果。

"涟漪"修改器的参数如图 4-21 所示。

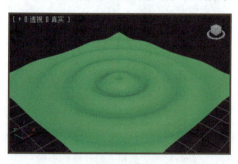 

图 4-20　平面形成的波纹效果　　　　图 4-21　"涟漪"修改器的参数

- 振幅 1 和振幅 2：设置波纹的振幅。
- 波长：设置波峰间的距离。
- 相位：设置波纹的相位。当"相位"值为正值时，波纹向内移动；当"相位"值为负值时，波纹向外移动。
- 衰退：设置波纹的衰减效果。"衰退"值越大，则产生的波纹效果就越小。

提示：要想使产生的波纹效果平滑美观，则必须对应用"涟漪"修改器的三维体在产生波纹的方向上设置一定的分段数，而且分段数不能太小。

6．路径变形

"路径变形"修改器可以使对象以指定样条线作为路径发生变形。应用了"路径变形"修改器后，对象上会出现与路径形状相同的Gizmo。图4-22所示是一串数字模型沿一条曲线路径变形的效果。

"路径变形"修改器的参数如图4-23所示。

图4-22 数字模型沿一条曲线路径变形

图4-23 "路径变形"修改器的参数

- 拾取路径：单击该按钮后，可选择一条曲线作为变形路径。
- 百分比：根据路径长度的百分比，沿着Gizmo路径移动对象。
- 拉伸：使用对象的轴点作为缩放的中心，沿着Gizmo路径缩放对象。
- 旋转：绕Gizmo路径旋转对象。
- 扭曲：绕Gizmo路径扭曲对象。
- 路径变形轴：选择一条轴以旋转Gizmo路径。

7．倾斜

"倾斜"修改器的作用是对一个三维模型产生倾斜效果，如图4-24所示。其有关参数如图4-25所示。

图4-24 树的倾斜效果

图4-25 "倾斜"修改器的参数

- 倾斜：设置倾斜效果。其中包含以下两项参数。
  ① 数量：设置倾斜的程度。
  ② 方向：设置相对于水平面的倾斜方向。
- 倾斜轴：设置倾斜轴。
- 限制：设置产生倾斜的上限和下限。

8. 球形化

"球形化"修改器的作用是将三维模型变成球形外观。该修改器只有一个参数"百分比",用于设置球形化的百分比,如图 4-26 所示。图 4-27 所示是对树应用"球形化"修改器的效果。

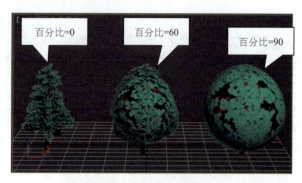

图 4-26 "球形化"修改器的参数   图 4-27 树的球形化

9. FFD 修改器

FFD(自由变形)修改器可以对模型进行自由变形。FFD 修改器系列中共有 5 个修改器,分别是 FFD2×2×2、FFD3×3×3、FFD4×4×4、FFD(长方体)、FFD(圆柱体)。其中,前 3 个 FFD 修改器的控制点数目是固定的,后两个 FFD 修改器的控制点数目则可以自行设置。

每种 FFD 修改器都有 3 个子对象,如图 4-28 所示。

- 控制点:在此子对象层级可以对控制点进行操作,通过调整控制点的位置来改变模型的形状。
- 晶格:在此子对象层级,可以对晶格框进行移动、旋转或缩放操作。
- 设置体积:在此子对象层级,控制点变为绿色,可以选择并操作控制点而不影响模型的形状。

下面以制作图 4-29 所示的靠垫为例,介绍 FFD 修改器的使用方法。

图 4-28 FFD 修改器的子对象   图 4-29 靠垫模型

(1) 启动 3ds Max 2014 后,打开"创建/几何体/扩展基本体"命令面板。使用"切角长方体"命令在前视图中创建一个切角长方体。设置长、宽、高分别为 60、60、15,圆角为 3,长度分段和宽度分段均为 10,圆角分段为 4,如图 4-30 所示。

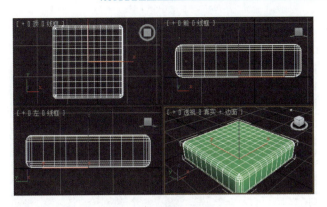

图 4-30　切角长方体

(2) 应用 FFD 修改器。确认切角长方体被选中，打开"修改"面板，在"修改器列表"中选择"FFD(长方体)"修改器。这时切角长方体上即出现了一个橙色晶格框。

(3) 设置控制点的数目。在命令面板的"FFD 参数"卷展栏中，单击"设置点数"按钮，弹出图 4-31 所示的对话框。在对话框中将"长度"和"宽度"的值都设置为 6。这时从视图中可以看到，FFD 修改器的橙色晶格框在长度和宽度方向上的控制点由原来的 4 层变成了 6 层，修改器堆栈中的 FFD(长方体)4×4×4 也变成了 FFD(长方体)6×6×4。

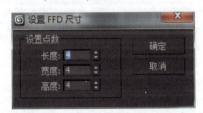

图 4-31　"设置 FFD 尺寸"对话框

(4) 编辑控制点。在修改器堆栈中，单击 FFD(长方体)6×6×4 前面的"+"号，展开 FFD 修改器的子对象分支。选择其中的"控制点"，然后按住 Shift 键，在顶视图中框选最外层的一圈控制点。

(5) 单击工具栏中的 ![] 按钮，在前视图中沿 Y 轴向内缩进刚才选定的最外一层控制点，结果如图 4-32 所示。

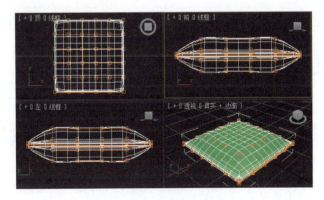

图 4-32　向内缩进最外一层控制点

(6) 在顶视图中框选中间的四个控制点,然后单击工具栏中的 按钮,在前视图中沿 Y 轴放大所选控制点,结果如图 4-33 所示。

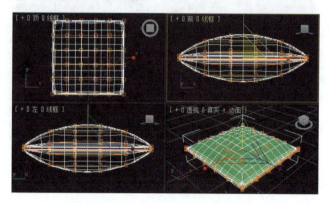

图 4-33　放大中间四个控制点

(7) 继续用缩放控制点的方法调整控制点的位置,使靠垫边缘的控制点产生一定的弧度,如图 4-34 所示。

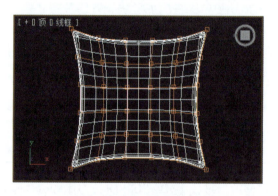

图 4-34　调整边缘的控制点

(8) 将本书配套资源上"场景"文件夹中的文件"场景 4-3.max"中的沙发模型合并到当前场景中,并调整靠垫的位置和角度,使其斜放在沙发上。

4.2　案例 8：水桶建模——可编辑网格

4.2.1　三维模型的子对象

除了可以对整个三维模型应用修改器之外,还可以对构成三维模型的顶点、面、元素等子对象进行编辑操作。三维模型的子对象包括 5 个层级,即顶点、边、面、多边形和元素,如图 4-35 所示。通过对子对象的编辑操作,可以制作出非常复杂的三维造型。

3ds Max 2014 提供了不少能够访问子对象的修改工具,"编辑网格"即是一种功能强大的子对象修改工具。此外,也可以将三维对象直接转换为"可编辑网格"或"可编辑多边形"。

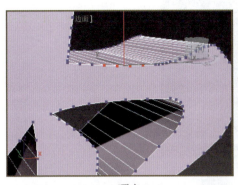

顶点　　　　　　　　　　　　边

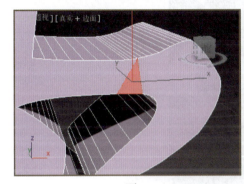

面　　　　　　　　　　　　多边形

元素

图 4-35　三维模型的子对象

在"修改"命令面板中对三维模型应用了"编辑网格"修改器，或将三维对象转换为可编辑网格或可编辑多边形后，可以在"选择"卷展栏中找到编辑子对象的 5 个按钮，如图 4-36 所示。单击其中一个按钮后，即可在模型上选择对应的子对象并进行相关操作。例如，对模型的顶点子对象可以进行移动、删除、切角、焊接等操作。

也可以在修改器堆栈列表中，单击"编辑网格"或"可编辑多边形"前面的"+"号，这时 5 种子对象名称会出现在展开的分支中。

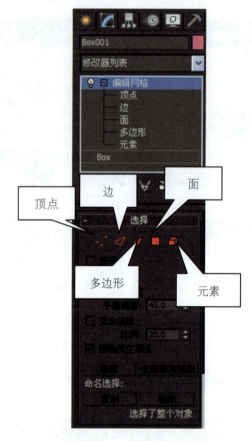

图 4-36 "编辑网格"修改器

4.2.2 软选择

选择三维模型子对象的方法与前面第 3 章介绍的选择二维图形子对象的方法相同,在子对象的编辑层级下,可单击任何子对象将其选中。按住 Ctrl 键的同时单击子对象可以增加选择,按住 Alt 键的同时单击子对象可以减少选择。

所有能够访问子对象的编辑工具中,都有一个"软选择"卷展栏,利用该卷展栏中的有关参数,可以使对当前所选子对象的移动、旋转和缩放等操作,影响其周围未被选中的子对象。

如图 4-37 所示,在"软选择"卷展栏中选中"使用软选择"复选框后,即可激活该卷展栏中的参数。其中,"衰减"值越大,则所选子对象周围受影响的范围就越大。

图 4-38 所示是启用软选择之前,选择并向上移动一个顶点的效果。可以看出,对该顶点的移动操作没有影响周围的其他顶点。

图 4-39 所示是启用了软选择之后,再选择并移动一个顶点的效果。

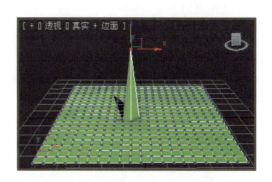

图 4-37 "软选择"卷展栏　　　　　图 4-38 没有启用软选择的效果

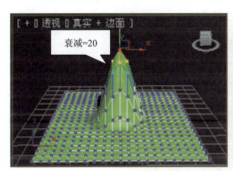
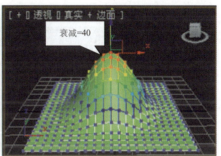

图 4-39 启用了软选择的效果

4.2.3 案例制作：水桶

【案例内容】

使用子对象修改工具，制作一个如图 4-40 所示的水桶模型。具体效果请参见本书配套资源"案例文档"文件夹中的文件"案例 8.max"。

图 4-40 水桶模型

水桶建模

【案例要点】

(1) 将三维模型转换为可编辑网格。
(2) 通过编辑三维模型的子对象来生成模型的造型。

【制作思路】

(1) 先创建一个圆锥体，再将圆锥体转换为"可编辑网格"，通过编辑圆锥体的多边形等子对象，将圆锥体调整成水桶的形状。

(2) 使用"壳"修改器来生成水桶的厚度。

【操作步骤】

1. 制作水桶的初始造型

(1) 启动 3ds Max 2014 之后，选择"自定义/单位设置"菜单命令，在弹出的"单位设置"对话框中将场景单位设置为"厘米"。

(2) 使用"创建/几何体"命令面板中的"圆锥体"命令，在顶视图中创建一个圆锥体，设置半径 1 和半径 2 分别为 20cm 和 25cm，高度为 50cm，高度分段为 12，如图 4-41 所示。

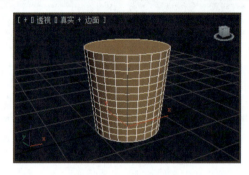

图 4-41　创建圆锥体

(3) 在圆锥体处单击鼠标右键，在弹出的快捷菜单中选择"转换为：/转换为可编辑网格"命令。

(4) 在命令面板的"选择"卷展栏中，单击 ■ 按钮或按快捷键 4，进入可编辑网格的"面"层级。按住 Ctrl 键，在前视图中框选图 4-42 所示的两组多边形。

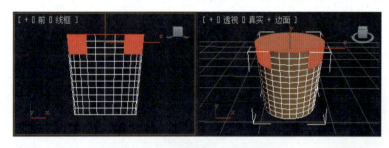

图 4-42　选择圆锥体上的多边形

(5) 按 Delete 键删除所选的多边形，结果如图 4-43 所示。

(6) 继续框选图 4-44 所示的多边形，再按 Delete 键删除，结果如图 4-45 所示。一个水桶的初始造型就呈现出来了。

2. 生成水桶的厚度

(1) 在修改器堆栈中单击"可编辑网格"，结束子对象的编辑状态。

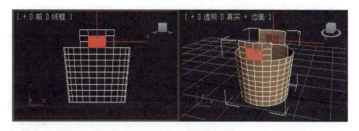

图 4-43 删除所选多边形后的效果

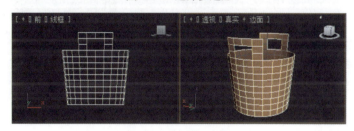

图 4-44 选择多边形

图 4-45 删除多边形

(2) 在"修改器列表"中选择"壳",这时从视图中可以看出,水桶增加了厚度。通过调整命令面板中的"内部量"或"外部量"参数,可以调整水桶的厚度,如图 4-46 所示。

3. 平滑模型

确定水桶模型被选定,在"修改器列表"中选择"网格平滑",并在命令面板的"细分量"卷展栏中设置"迭代次数"为 2。从视图中可以看出,模型变平滑了,如图 4-47 所示。

图 4-46 应用"壳"修改器后的效果　　图 4-47 应用"网格平滑"修改器后的效果

提示:使用"网格平滑"修改器可以平滑网格模型,从而使三维模型变得更加精细。"网格平滑"修改器的"迭代次数"参数值越大,平滑效果越好。但要注意的是,不能将"迭代次数"的值设得太大,否则会因模型复杂度的迅速增大而影响系统的运行速度。

4.3 实操训练

4.3.1 足球建模

【实训内容】

在前面第 1 章的实训 1-2 中，我们曾利用场景文件提供的现成的足球模型，制作过足球滚动的动画。现在我们就来完成足球模型的制作。参照本书配套资源"实操训练"文件夹中的文件"实训 4-1.max"，制作图 4-48 所示的足球。

图 4-48　足球模型

【实训重点】

(1) 使用"可编辑网格"编辑三维模型的子对象。
(2) 修改器堆栈的应用。
(3) 给多边形子对象指定材质。

【操作提示】

(1) 制作足球初始造型。启动 3ds Max 2014 之后，打开"创建/几何体/扩展基本体"命令面板，使用"异面体"命令，在顶视图中创建一个异面体。在"参数"卷展栏中，设置"系列"为"十二面体/二十面体"，在"系列参数"栏中，设置 P 值为 0.35，设置"半径"为 13cm。结果如图 4-49 所示。

(2) 设置黑白材质。在异面体处单击鼠标右键，在弹出的快捷菜单中选择"转换为：/转换为可编辑网格"命令。按 M 键打开材质编辑器，将第一个示例球设置为白色并指定给异面体。在命令面板的"选择"卷展栏中单击 ■ 按钮或按快捷键 4，进入"多边形"子对象编辑层级。按下 Ctrl 键，选择异面体上的所有五边形，如图 4-50 所示。再将材质编辑器中的第二个示例球设置为黑色并指定给选定的五边形。

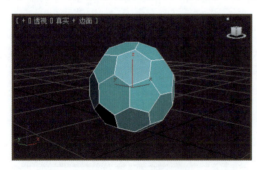

图 4-49　足球初始造型

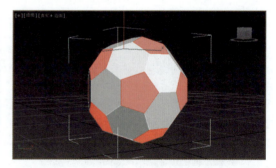

图 4-50　选择异面体上的所有五边形

(3) 渲染透视图，结果如图 4-51 所示。

(4) 编辑异面体。进入"多边形"子对象编辑层级，在视图中框选整个异面体，使异面体上的所有多边形均呈红色显示。

(5) 在"编辑几何体"卷展栏中，单击"炸开"按钮下面的"元素"，再单击"炸开"按钮，使所选的全部多边形炸开成一个个独立的元素。

(6) 在"编辑几何体"卷展栏中，单击"倒角"按钮并在异面体上拖动鼠标，形成图 4-52 所示的倒角效果。

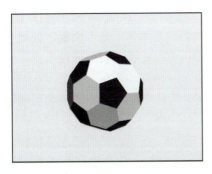
图 4-51 设置黑白材质后的渲染效果

图 4-52 所选多边形的倒角效果

(7) 平滑模型。在命令面板的修改器堆栈中，单击"编辑网格"，结束子对象的编辑状态。在"修改器列表"中，选择"网格平滑"修改器。在"细分方法"下拉列表中选择"经典"选项。在"细分量"卷展栏中，将"迭代次数"设置为 2。在"参数"卷展栏中，将"强度"设置为 0.3。结果如图 4-53 所示。

(8) 将模型球形化。确定足球模型为选定状态，在"修改"命令面板的"修改器列表"中，选择"球形化"修改器，设置"百分比"为 90，结果如图 4-54 所示。至此，一个足球模型就制作完成了。

图 4-53 平滑效果

图 4-54 球形化的效果

4.3.2 山地地形建模

【实训内容】

参照本书配套资源"实操训练"文件夹中的文件"实训 4-2.max"，制作一个山地地形模型，其渲染效果如图 4-55 所示。

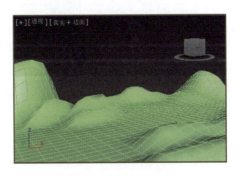
图 4-55 山地地形模型

【实训重点】

(1) 将三维模型转换为可编辑多边形。
(2) "绘制变形"工具的使用。

【操作提示】

(1) 启动 3ds Max 2014 之后，打开"创建/几何体/标准基本体"命令面板，使用"平面"命令，在顶视图中创建一个平面。在"参数"卷展栏中，设置"长度分段"和"宽度分段"均为 40，如图 4-56 所示。

(2) 选择平面，单击鼠标右键，在弹出的快捷菜单中选择"转换为：/转换为可编辑多边形"命令。

(3) 在命令面板的"绘制变形"卷展栏中，单击"推/拉"按钮，然后把光标移到顶视图中，在平面上拖动鼠标，即可绘制出起伏的地形。一边绘制一边注意观察透视图，如图 4-57 所示。

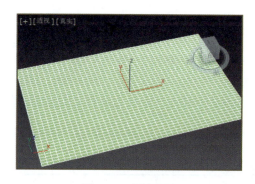
图 4-56 创建平面

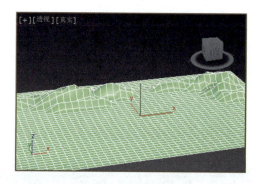
图 4-57 绘制起伏的地形

(4) 在命令面板的"绘制变形"卷展栏中，调整"笔刷大小"，继续使用"推/拉"工具绘制地形的细节，如图 4-58 所示。

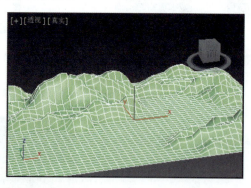
图 4-58 绘制地形的细节

第 5 章 材质和贴图

【本章导读】

在前面的几章中,我们学会了建模的基本方法。不过,要使一个物体呈现出逼真的视觉效果,除了建模之外,还需要为其指定材质。

材质用来描述对象如何反射或透射光线,材质中的贴图可以模拟模型表面的纹理图案、反射、折射和其他效果。通过为模型赋予材质,可以增加模型的细节,增强模型的质感。3ds Max 为材质制作设置了大量的参数,材质及贴图的创建和编辑均在材质编辑器中进行。

本章重点介绍利用 3ds Max 2014 的材质和贴图编辑功能,使模型具有色彩、纹理、光亮、反射、折射、透明、表面粗糙等逼真的质感。本章将通过几个实例,具体介绍材质编辑器的功能和基本使用方法。

【内容要点】

1. 材质编辑器的使用。
2. 材质类型和贴图类型。
3. 基本材质的设置方法。
4. 贴图材质的设置方法。
5. 复合材质的种类和特点。
6. 复合材质的设置方法。

5.1 案例 9:彩色陶瓷和平板玻璃材质——材质基本参数

5.1.1 材质编辑器

材质编辑器是用于创建、改变和应用场景中材质的窗口。有以下 3 种方法可以打开材质编辑器。

陶瓷和平板玻璃材质

(1) 单击工具栏中的"材质编辑器"按钮 ![] ,即可打开材质编辑器。
(2) 选择"渲染/材质编辑器"菜单命令,即可打开材质编辑器。
(3) 按下快捷键 M 可快速打开材质编辑器。

3ds Max 2014 提供了两种材质编辑器界面,即精简材质编辑器和 Slate 材质编辑器,通过材质编辑器的"模式"菜单可选择其中一种。精简材质编辑器的窗口比 Slate 材质编辑器小,其通过示例窗的方式提供了各种材质的快速预览。Slate 材质编辑器在设计和编辑材质时,以图形方式显示材质的结构(称为材质树),而材质和贴图则是材质树中可以关联在一起的节点。

本章主要介绍精简材质编辑器的使用方法,如图 5-1 所示,其中主要包含菜单栏、示例窗、垂直工具栏、水平工具栏和参数卷展栏几个部分。

图 5-1　材质编辑器

1．菜单栏

菜单栏位于材质编辑器窗口的顶部。它提供了另一种调用各种材质编辑器工具的方式，其中的命令与材质编辑器工具栏中的各个工具按钮是对应的。

2．示例窗

使用示例窗可以及时预览材质和贴图。以下是有关示例窗的常用操作。

（1）将示例窗中的材质赋予场景中的对象。最简单的方法是直接将材质从示例窗拖动到视图中的对象上。

（2）放大示例窗。放大示例窗可以使材质的预览更加方便，要做到这点，可以双击示例窗，这样示例窗就单独显示在一个独立的可以任意缩放的窗口中。

（3）改变示例的形状。在默认状态下示例显示为球体，单击垂直工具栏中的"采样类型"按钮，还可将示例设置为圆柱体或长方体。

（4）设置示例窗的显示数目。材质编辑器有 24 个示例窗，单击垂直工具栏中的"选项"按钮，可在弹出的"材质编辑器选项"对话框中设置示例窗的显示数目为 6 个、15 个或 24 个。

（5）热材质和冷材质。当示例窗中的材质指定给场景中的一个或多个对象时，示例窗中的材质是"热材质"，这时如果调整示例窗材质，则场景中的材质也会同时更改。反之，如果示例窗中的材质没有指定给场景中的任何对象，则该示例窗中的材质是"冷材质"。示例窗的 4 个拐角标志可表明该材质是热材质还是冷材质，如图 5-2 所示。

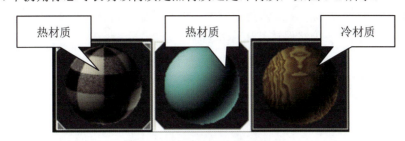

图 5-2　热材质和冷材质标志

- 白色空心三角形：表示该材质是热的，即该材质已经指定给了场景中的一个或多个对象。
- 白色实心三角形：表示该材质不仅是热的，而且已经应用到当前选定的对象上。
- 没有三角形：场景中没有使用该材质。

3．垂直工具栏

垂直工具栏位于示例窗右侧，其中常用的工具按钮如下。

- 采样类型：使用该弹出按钮可以选择要显示在活动示例窗中的几何体。此弹出按钮有三个按钮可选：球体、圆柱体和立方体。
- 背光：将背光添加到活动示例窗中。默认情况下，此按钮处于启用状态。
- 背景：启用该按钮可将彩色方格背景添加到活动示例窗中。通常用于查看不透明度和透明度的材质效果。
- 采样 UV 平铺：可设置活动示例窗中样本球上贴图图案的重复数量，可选择 1×1、2×2、3×3、4×4 四种方式。
- 视频颜色检查：用于检查示例窗中的材质颜色是否超出 NTSC 制式或 PAL 制式的颜色范围。
- 生成预览：用于预览材质的动画效果。
- 选项：单击此按钮可打开"材质编辑器选项"对话框，可在对话框中设置如何在示例窗中显示材质和贴图。
- 材质/贴图导航器：单击此按钮可打开"材质/贴图导航器"对话框，可以通过材质中贴图的层次或复合材质中子材质的层次快速导航。

4．水平工具栏

水平工具栏位于示例窗的下方，其中常用的工具按钮如下。

- 获取材质：单击该按钮可打开"材质/贴图浏览器"对话框，利用它可以选择材质或贴图。
- 将材质放入场景：在编辑材质之后，将更新过的材质放入场景中。
- 将材质指定给选定对象：可将活动示例窗中的材质应用于场景中当前选定的对象。同时，示例窗中的材质将成为热材质。
- 重置贴图/材质为默认设置：重置活动示例窗中的贴图或材质的值。移除材质颜色并设置灰色阴影。将光泽度、不透明度等重置为其默认值，并移除指定给材质的贴图。

- ▦ 生成材质副本：生成活动示例窗中的材质副本，使示例窗中的材质不再是热材质，但该材质仍然保持其属性和名称。
- ▦ 放入库：可以将选定的材质添加到当前库中。单击该按钮后将显示"入库"对话框，可在对话框中设置材质的名称。
- ▦ 视口中显示明暗处理材质：单击该按钮可以在视图中显示对象表面的贴图材质。
- ▦ 转到父对象：单击该按钮可以在当前材质中向上移动一个层级。只有在当前材质不为复合材质的顶级时，该按钮才可使用。

5. **参数卷展栏**

材质编辑器中的参数卷展栏，其个数及具体内容会随着所选材质类型的不同而发生变化。

5.1.2　案例制作：设置基本材质

【案例内容】

在前面第 3 章的案例 5 中曾制作过一个花瓶模型，本案例通过设置材质的颜色、反射高光等基本参数，为这个花瓶赋上色彩，并使其具有陶瓷质感。此外，再通过设置材质的不透明度和镜面反射效果，给桌布上的玻璃板指定相应的材质。具体效果请参见本书配套资源"案例文档"文件夹中的文件"案例 9.max"，场景指定材质前后的渲染效果如图 5-3 所示。

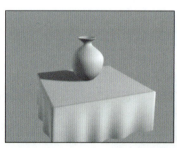 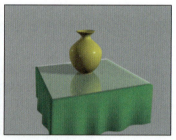

图 5-3　陶瓷花瓶和玻璃板的材质效果

【案例要点】

(1) 材质编辑器的基本使用方法。
(2) 设置材质的颜色、反射高光、透明度等基本参数。
(3) 给物体指定材质的方法。
(4) 镜面反射材质的制作方法。

【制作思路】

(1) 彩色陶瓷材质的色彩可以通过在材质编辑器中设置漫反射颜色来实现，而陶瓷质感的一个重要特色是具有光亮的表面，这可以通过在材质编辑器中设置反射高光来实现。

(2) 玻璃板的透明效果通过设置材质的不透明度实现，而玻璃的镜面反射效果则通过反射贴图实现。

【操作步骤】

1. 设置桌布的颜色

(1) 启动 3ds Max 2014 之后，打开本书配套资源"场景"文件夹中的文件"场景 5-1.max"，该场景如图 5-4 所示。

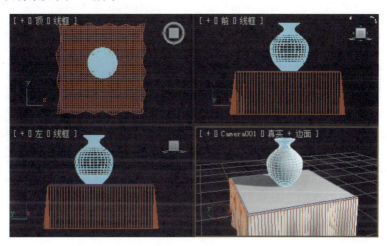

图 5-4　"场景 5-1.max"文件提供的场景

(2) 在任一视图中单击选择桌布，然后单击工具栏中的 按钮或直接按 M 键，打开材质编辑器。

(3) 设置颜色。单击选择材质编辑器的第二个示例球，在"Blinn 基本参数"卷展栏中，单击"漫反射"右边的颜色块，弹出图 5-5 所示的"颜色选择器：漫反射颜色"对话框。

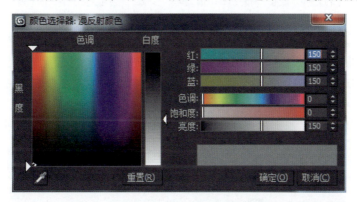

图 5-5　"颜色选择器：漫反射颜色"对话框

(4) 把光标移到调色板内的绿色区域，单击鼠标左键后，可以看到当前示例窗口中的示例球变成了绿色。再向上拖动"白度"颜色条右边的三角形滑块到顶部，这时当前示例窗口中示例球的绿色加深了。最后单击"确定"按钮，关闭"颜色选择器：漫反射颜色"

对话框。

提示：在"颜色选择器：漫反射颜色"对话框中设置颜色时，除了可以在调色板中直观地选择颜色之外，还可以在红、绿、蓝右边的数值框中输入颜色值来精确地设置颜色。

(5) 单击材质编辑器水平工具栏中的 ![] 按钮，将当前示例球的材质指定给场景中选定的桌布。从 Camera001 视图中可以看到桌布变成了与当前示例球相同的绿色。

2. 制作陶瓷花瓶的材质

(1) 在任一视图中单击选择花瓶，然后单击选择材质编辑器的第三个示例球，再单击材质编辑器水平工具栏中的 ![] 按钮，将当前示例球的材质指定给选定的花瓶。

(2) 调整材质参数。在材质编辑器的"Blinn 基本参数"卷展栏中，将"漫反射"颜色设置为黄色。

(3) 设置反射高光。在"Blinn 基本参数"卷展栏中，将"高光级别"设置为 90，"光泽度"设置为 70。这时，可以看到当前示例球变得光亮了，示例球上出现两个清晰的高光点。渲染 Camera001 视图，结果如图 5-6 所示。

图 5-6 设置了高光级别和光泽度后的花瓶效果

3. 制作玻璃板的材质

(1) 在视图中选择桌布上面的长方体，然后在材质编辑器中选择第四个示例球。单击水平工具栏中的 ![] 按钮，将当前示例球的材质指定给长方体。

(2) 设置玻璃的颜色和光泽度。在材质编辑器的"Blinn 基本参数"卷展栏中，将漫反射颜色设置为白色，将"高光级别"设置为 90，"光泽度"设置为 80。

(3) 设置玻璃的透明效果。在"Blinn 基本参数"卷展栏中，将"不透明度"设置为 15。为了便于在示例窗中观察材质的透明效果，可按下材质编辑器垂直工具栏中的 ![] 按钮，使示例窗内显示出彩色的方格背景。最后在"明暗器基本参数"卷展栏中选中"双面"复选框。渲染 Camera001 视图，可以看出桌布上的玻璃呈现出了透明效果。

提示：制作透明材质(如玻璃类材质和线框类材质)时，通常应该在"明暗器基本参数"卷展栏中选中"双面"复选框。

(4) 设置玻璃的镜面反射效果。在材质编辑器的"贴图"卷展栏中，单击"反射"右边的 None 按钮，在弹出的"材质/贴图浏览器"对话框中双击"平面镜"，然后在"平面镜参数"卷展栏中，选中"应用于带 ID 的面"复选框。渲染 Camera001 视图，结果如图 5-7 所示。

(5) 单击水平工具栏中的 ![] 按钮，返回上一编辑层。在"贴图"卷展栏中，将反射数量设置为 50。再次渲染 Camera001 视图，可以看出玻璃的反射强度降低了，如图 5-8 所示。

提示：将材质编辑器示例球的材质指定给场景中的模型后，透视图可以显示出材质的大致效果，但不能显示材质的一些细微特征，如一些贴图效果和反射效果等。只有在渲染之后，通过渲染图观察到所有的材质细节。

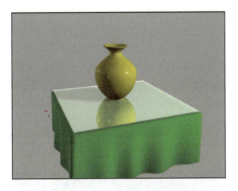

图 5-7　玻璃的反射效果(1)　　　　　图 5-8　玻璃的反射效果(2)

5.1.3　知识拓展 1："明暗器基本参数"卷展栏

材质编辑器中有两个基本参数卷展栏，即"明暗器基本参数"卷展栏和"Blinn 基本参数"卷展栏。其中，"明暗器基本参数"卷展栏主要用于设置明暗器类型以及材质的表现方式，如图 5-9 所示。

图 5-9　"明暗器基本参数"卷展栏

提示：明暗器是一种计算表面渲染的算法，每种明暗器都有自身的渲染特性。某些明暗器是按其执行的功能命名的，如金属明暗器，另一些明暗器则是以开发人员的名字命名，如 Blinn 明暗器等。3ds Max 的默认明暗器是 Blinn 明暗器。

1．明暗器类型

Blinn 下拉列表中提供了 8 种不同的明暗器类型。

(1) 各向异性：可创建拉伸并成角的高光，而不是标准的圆形高光。适合于表现具有高反差的物体表面。

(2) Blinn：为系统默认的明暗器类型，一般用于控制平滑物体的高光和阴影，它可以产生柔和的圆形高光，适合于创建质地柔和的物体材质。

(3) 金属：该模式可以用来模拟逼真的金属表面。

(4) 多层：该模式可以设置两个高光和阴影，每个高光可以有不同的颜色、形状和亮度。

(5) Oren-Nayar-Blinn：用于控制材质的粗糙程度，形成粗糙的表面材质，一般用于模拟布料材质。

(6) Phong：与 Blinn 明暗器较为接近，可用于模拟具有塑料质感的材质。

(7) Strauss：也是一种可以产生类似于金属的材质的模式，但它比金属明暗器更灵活，更具可调性。

(8) 半透明明暗器：与 Blinn 模式类似，但它可以指定透明度，使光线可以从物体中穿过，并在物体内部产生光线散射效果，可以用来制作类似冰雕和蚀刻玻璃的物体材质。

2．4 种特殊效果

- 线框：选中该复选框后，将以线框的形式来渲染模型，如图 5-10 所示。在材质编辑器的"扩展参数"卷展栏中，"线框"栏的"大小"参数可设置线框的粗细。
- 双面：选中该复选框后，材质内外两面都被赋予材质。例如，一个没有加盖的茶壶，如果想看到其内侧的一面，就必须为其指定双面材质，如图 5-11 所示。图 5-12 所示则是线框材质的双面效果。

图 5-10　线框材质效果　　　　　　　图 5-11　双面材质效果(1)

- 面贴图：为模型的每个面都赋予贴图，如图 5-13 所示。只有当模型被指定了贴图材质之后，选中"面贴图"复选框才有效。此项常用于给粒子系统贴图。

图 5-12　双面材质效果(2)　　　　　　图 5-13　面贴图材质效果

- 面状：以面的方式渲染模型，材质将变成不光滑的面，如图 5-14 所示。

图 5-14　面状材质效果

5.1.4　知识拓展2："Blinn 基本参数"卷展栏

在"Blinn 基本参数"卷展栏中，可以设置颜色、反射高光、自发光、透明等基本材质参数。

1. 材质颜色

"Blinn 基本参数"卷展栏中，有关材质颜色的参数有 3 项，如图 5-15 所示。

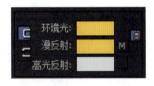

图 5-15　材质的颜色参数

- 环境光：代表环境光的颜色，它是样本材质特有的、从四周射向材质样本的泛光源。环境光决定材质阴暗部分的颜色，单击环境光右边的颜色块可以改变环境光的颜色。
- 漫反射：代表漫反射光的颜色。漫反射光的颜色反映材质本身的颜色。单击漫反射右边的颜色块可以设置漫反射光的颜色，而单击颜色块右边的空白方块按钮则可指定漫反射贴图。
- 高光反射：代表高光颜色，即材质在光源照射下所产生的高光区的颜色。同样，单击高光反射右边的颜色块可以设置高光的颜色，而单击颜色块右边的空白方块按钮则可指定高光贴图。

注意，在 3 个颜色参数的左边有两个 按钮，用于锁定环境光和漫反射，以及漫反射和高光反射。当该按钮处于黄色按下状态时，被锁定的两种颜色参数会保持相同的颜色。

2. 反射高光

材质的反射高光可以表现材质表面的光亮程度，例如，土石材质的高光度就远远小于金属材质的高光度。

材质编辑器的"Blinn 基本参数"卷展栏中，"反射高光"栏提供了高光参数的设置，如图 5-16 所示。

图 5-16　反射高光参数和高光曲线

- 高光级别：设置高光的强度。该参数值越大，材质的反光效果就越强烈，高光曲线向上凸起的高度也就越高。当高光级别的值为 0 时，高光曲线为一条水平直线，这时材质没有反光效果。

图 5-17 所示是 3 种不同高光级别值的效果对比。

- 光泽度：用于设置高光的范围。该参数值的大小与高光区大小成反比，光泽度值越大，高光区就越小，这时高光曲线就越尖锐。

图 5-18 所示是高光级别值为 60 时，3 种不同光泽度值的效果对比。

- 柔化：用于设置高光区与非高光区的渐变过渡，柔化的值越大，渐变就越慢，高光区与非高光区的边界就越柔和。柔化的最大值为1。

高光级别为0　　　　　　　高光级别为40　　　　　　　高光级别为90

图 5-17　不同高光级别的对比

光泽度为10　　　　　　　光泽度为30　　　　　　　光泽度为70

图 5-18　不同光泽度的对比

3. 自发光材质

材质编辑器"Blinn 基本参数"卷展栏中的"自发光"参数用于设置材质的自发光效果。被赋予了自发光材质的物体，在没有任何光源的场景中也能被看见。自发光材质通常用来指定给作为光源的物体，如月亮、车灯和霓虹灯等。

"自发光"参数的取值范围为0～100，当自发光的值为0时，材质不发光；而当自发光的值为100时，材质的自发光强度为最大，这时被赋予了自发光材质的物体，其表面的阴影将完全消失。图5-19所示是3种不同自发光强度的对比。

自发光强度为0　　　　　　自发光强度为50　　　　　　自发光强度为100

图 5-19　不同自发光强度的对比

4. 透明材质

材质编辑器的"Blinn 基本参数"卷展栏中还有一个"不透明度"参数，可以制作出类似玻璃的透明材质。

参数的默认值为100，这时材质不透明。把不透明度设置为小于100的值时，材质就会产生透明效果，不透明度的值越小，材质就越透明。当不透明度的值为0时，材质完全透明，此时除了高光区可见外，材质的其他部分将会不可见。

在材质编辑器的示例窗口中设置透明材质时，为了观察到示例球的透明效果，通常单击示例列表右侧工具栏中的"背景"按钮 ，使当前示例窗口显示出彩色方格背景。图 5-20 所示是 3 种不同"不透明度"参数值的效果对比。

  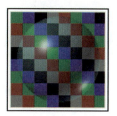

不透明度为 100　　　　不透明度为 80　　　　不透明度为 40

图 5-20　不同不透明度效果的对比

5.2　案例 10：印花布和青花瓷材质——漫反射贴图

5.2.1　贴图材质

贴图材质是指被赋予了图像的材质，利用贴图材质，可以模拟现实世界中物体表面的纹理图案，如木纹、大理石花纹、砖墙和各种装饰图案等。很多情况下，为了使材质更加逼真、生动，不仅要考虑材质的基本属性，如颜色、反光度和透明度等，还要考虑材质表面所呈现出的图像效果。

青花瓷材质

3ds Max 将贴图分为 2D 贴图、3D 贴图、合成器、颜色修改器等类型，不同类型的贴图产生不同的效果。

1. 2D 贴图

2D 贴图是二维图像，通常贴图到几何对象的表面，或用作环境贴图来为场景创建背景。最简单的 2D 贴图是位图，其他种类的 2D 贴图则是由程序生成的，包括 Combustion 贴图、Substance 贴图、渐变贴图、渐变坡度贴图、每像素摄影机贴图、棋盘格贴图、平铺贴图和漩涡贴图，等等。

下面介绍几种常用的 2D 贴图。

(1) Combustion。与 Autodesk Combustion 产品配合使用，可以在位图或对象上直接绘制并且在材质编辑器和视图中能看到效果的更新。

(2) Substance。Substance 贴图提供了一个参数化纹理的库，使用 Substance 贴图可以获得各种类型的材质。Substance 贴图的优点是它提供的 2D 纹理占用的内存和磁盘空间非常小。

(3) 渐变。创建三种颜色的线性或径向坡度。图 5-21 所示是使用渐变贴图的效果。

(4) 渐变坡度。与渐变贴图相似，但渐变坡度可以为渐变指定任何数量的颜色或贴图。图 5-22 所示是使用渐变坡度贴图的效果。

(5) 每像素摄影机贴图。每像素摄影机贴图可以从指定的摄影机方向投射贴图，常用于场景渲染。

(6) 平铺。使用颜色或材质贴图创建砖或其他平铺材质。图 5-23 所示是使用平铺贴图创建的砖的效果。

渐变类型：线性　　　　　　　　　　渐变类型：径向

图 5-21　渐变贴图

图 5-22　渐变坡度贴图

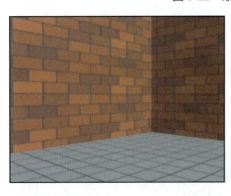 

图 5-23　平铺贴图

　　(7) 棋盘格。棋盘格图案由两种颜色组合而成，也可以通过贴图替换颜色。图 5-24 所示是使用棋盘格贴图的效果。

　　(8) 位图。3ds Max 支持的任何图形(或动画)文件类型均可用作材质中的位图，如 .jpg、.tga、.bmp 等。图 5-25 所示是使用位图贴图产生的木纹地板和墙纸效果。

　　(9) 漩涡。创建两种颜色或贴图组成的漩涡(螺旋)图案。图 5-26 所示是使用漩涡贴图的效果。

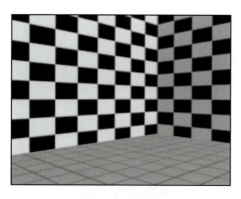

图 5-24　棋盘格贴图

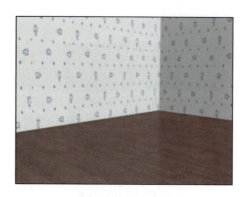

图 5-25　位图贴图

图 5-26　漩涡贴图

2. 3D 贴图

3D 贴图是由程序以三维形式生成的图案，能够根据对象的几何特性紧贴对象。3ds Max 2014 提供的 3D 贴图包括凹痕贴图、斑点贴图、大理石贴图、衰减贴图、木材贴图、细胞贴图、噪波贴图，等等。

下面仅介绍几种较常用的 3D 贴图。

（1）凹痕。凹痕贴图主要用于实现凹凸效果，如图 5-27 所示。用作凹凸贴图时，可在对象表面产生三维的凹痕效果。可以通过编辑参数来控制凹痕的大小、深度和凹痕效果的复杂程度。

（2）斑点。斑点贴图生成带斑点的图案，常用于创建类似花岗岩表面的材质。图 5-28 所示是使用斑点贴图的效果。

（3）大理石。使用两个显式颜色和第三个中间色模拟大理石的纹理。图 5-29 所示是使用大理石贴图的效果。

（4）木材。将两种颜色进行混合使其形成木材的纹理图案。可以控制木纹的方向、粗细和复杂度。图 5-30 所示是使用木材贴图的效果。

（5）噪波。是三维形式的湍流图案。噪波基于两种颜色，每一种颜色都可以设置贴图，从而在对象表面产生随机的不规则图案。噪波贴图也常用于实现凹凸效果，如图 5-31 所示。

图 5-27 凹痕贴图

图 5-28 斑点贴图

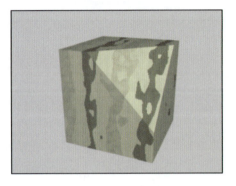

图 5-29 大理石贴图

图 5-30 木材贴图

图 5-31 噪波贴图

3. 合成器

合成器专用于合成其他颜色或贴图。使用合成器贴图可以将两个或多个图像叠加以将其组合。3ds Max 2014 提供了 4 种合成器贴图，即 RGB 倍增、合成、混合、遮罩。

(1) RGB 倍增。通过将 RGB 值相乘组合两个贴图。

(2) 合成。通过图像的 Alpha 通道将多个贴图进行叠加。

(3) 混合。将两种颜色或贴图任意混合在一起，通过设置混合量来控制其混合的程度。

(4) 遮罩。通过一种材质查看另一种材质。默认情况下，白色的遮罩区域为不透明，显示贴图；黑色的遮罩区域为透明，显示基本材质。

4. 颜色修改器

颜色修改器贴图可以改变材质中像素的颜色。3ds Max 2014 提供了 4 种颜色修改器贴图，即 RGB 染色、顶点颜色、输出、颜色修正。它们使用不同的方法来修改像素颜色。

5.2.2 案例制作：设置纹理图案

【案例内容】

本案例将为场景文件中的桌布和花瓶指定贴图材质，使其成为印花桌布和青花瓷花瓶，具体效果请参见本书配套资源"案例文档"文件夹中的文件"案例 10.max"，其渲染效果如图 5-32 所示。

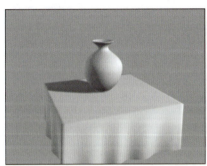 

图 5-32　印花桌布和青花瓷花瓶

通过本案例的学习，介绍最基本的贴图——漫反射贴图的设置方法，以及设置和调整贴图坐标的方法。

【案例要点】

(1) 编辑和制作漫反射贴图材质。

(2) 调整贴图坐标。

【制作思路】

(1) 准备一幅自己喜欢的有布料花纹的图片，然后对桌布应用漫反射贴图。青花瓷材质同样可以通过漫反射贴图来实现，并通过材质基本参数的设置来形成光亮的陶瓷质感。

(2) 为了使贴图图案能较好地"包裹"在桌布和花瓶上，还要调整模型的贴图坐标。

【操作步骤】

1. 制作印花布材质

(1) 启动 3ds Max 2014 之后，打开本书配套资源"场景"文件夹中的"场景 5-2.max"文件，其中提供了一个桌布和花瓶模型。

(2) 在视图中选择桌布，然后单击工具栏中的 ![] 按钮或按 M 键，打开材质编辑器。选择第二个示例球。

(3) 在"Blinn 基本参数"卷展栏中，单击漫反射右边的空白方块按钮，打开"材质/

贴图浏览器"对话框，如图 5-33 所示。

（4）在"材质/贴图浏览器"对话框中，双击"位图"，弹出"选择位图图像文件"对话框。选择本书配套资源的文件"案例素材\布料.jpg"，最后单击"打开"按钮。这时，示例窗口的第二个示例球上即出现了图形文件"布料.jpg"中的图案。

（5）将贴图材质指定给桌布。单击材质编辑器水平工具栏中的 按钮，将当前示例球的材质指定给场景中选定的桌布。这时 Camera001 视图中的桌面只改变了颜色，而没有显示出布料图案。单击材质编辑器水平工具栏中的"视口中显示明暗处理材质"按钮 后，即可从 Camera001 视图中观察到桌布的贴图效果，其渲染结果如图 5-34 所示。

图 5-33　"材质/贴图浏览器"对话框

图 5-34　印花桌布效果(1)

（6）调整布料材质的贴图坐标。在材质编辑器的"坐标"卷展栏中，将"瓷砖"下面的值设置为 2，如图 5-35 所示。

（7）再次渲染 Camera001 视图，结果如图 5-36 所示。

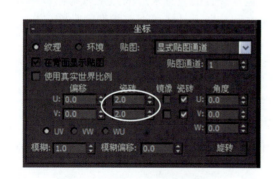

图 5-35　调整布料材质的贴图坐标

图 5-36　印花桌布效果(2)

从渲染结果中可以看出,桌布四周的图案发生了严重的变形。下面通过对桌布应用 UVW 贴图修改器,进一步调整桌布的贴图效果。

2. 对桌布应用 UVW 贴图修改器

(1) 关闭材质编辑器。确认桌布被选定,单击命令面板上方的 ![按钮] 按钮打开"修改"面板。在修改器列表中选择"UVW 贴图"修改器,其相关参数即出现在命令面板中。

(2) 设置贴图 Gizmo 类型。在"参数"卷展栏的"贴图"栏中选择"长方体"选项,同时注意观察 Camera001 视图中桌布上图案的变化。渲染 Camera001 视图,可以看到桌布周围出现了布料的图案,但图案被压扁了。

(3) 调整 UVW 修改器的 Gizmo。在修改器堆栈中,单击 UVW 贴图前面的"+"号使之展开,再选择下面的 Gizmo。单击工具栏中的 ![按钮] 按钮,在前视图中将黄色的 Gizmo 沿 Z 轴适当放大,结果如图 5-37 所示。

3. 制作青花瓷材质

(1) 设置基本材质参数。在材质编辑器中单击选择第三个示例球,然后在"Blinn 基本参数"卷展栏中,将"高光级别"设置为 90,"光泽度"设置为 60。

(2) 指定漫反射贴图。在"Blinn 基本参数"卷展栏中,单击漫反射右边的空白方块按钮,再在弹出的"材质/贴图浏览器"对话框中双击"位图"。最后在弹出的"选择位图图像文件"对话框中选择本书配套资源的文件"案例文档\素材\青花.jpg",单击"打开"按钮后,第三个示例球上即出现了青花图案。

(3) 将贴图材质指定给花瓶。在视图中选择花瓶,然后单击材质编辑器水平工具栏中的 ![按钮] 按钮,将当前示例球的青花贴图材质指定给花瓶,同时单击材质编辑器水平工具栏中的![按钮]按钮,使视图中的花瓶上显示出贴图。从 Camera001 视图中可以看出青花图案位于花瓶的侧面,下面通过调整贴图坐标来改变青花图案在花瓶上的显示位置。

(4) 调整贴图的显示位置。在材质编辑器的"坐标"卷展栏中,将"偏移"下面的 V 设置为-0.2,这时,从 Camera001 视图中可以看出青花图案移到了花瓶的前面,其渲染效果如图 5-38 所示。

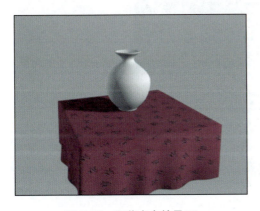

图 5-37 印花桌布效果(3)

图 5-38 青花瓷效果

从渲染结果中可以看出,瓶身上的青花图案有些变形,并且图案不够完整。下面通过对花瓶应用 UVW 贴图修改器,进一步调整花瓶的贴图效果。

4. 对花瓶应用 UVW 贴图修改器

(1) 关闭材质编辑器。确认花瓶被选定，单击命令面板上方的 按钮打开"修改"面板。在"修改器列表"中选择"UVW 贴图"修改器，其相关参数即出现在命令面板中。

(2) 设置贴图 Gizmo 类型。在"参数"卷展栏的"贴图"栏中选择"柱形"选项，同时注意观察 Camera001 视图中花瓶上图案的变化。

(3) 调整 UVW 修改器的 Gizmo。在修改器堆栈中，单击 UVW 贴图前面的"+"号使之展开，再选择下面的 Gizmo。单击工具栏中的 按钮，在左视图中将黄色的 Gizmo 绕 Z 轴逆时针旋转 90°，结果如图 5-39 所示。

(4) 缩放 Gizmo。单击工具栏中的 按钮，在顶视图中将 Gizmo 沿 X 轴适当缩小，使柱形的 Gizmo 正好包裹住花瓶。再在前视图中将 Gizmo 沿 Y 轴放大至花瓶的高度，结果如图 5-40 所示。

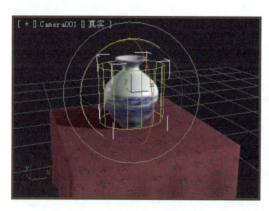

图 5-39 旋转 Gizmo 的效果

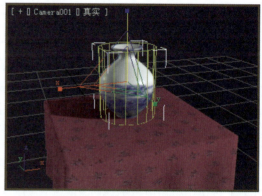

图 5-40 缩放 Gizmo 的效果

(5) 移动 Gizmo。单击工具栏中的 按钮，在前视图中沿 Y 轴将 Gizmo 上移，同时注意从 Camera001 视图中观察青花图案的位置变化，最后使图案能够完整地呈现在花瓶上，如图 5-41 所示。

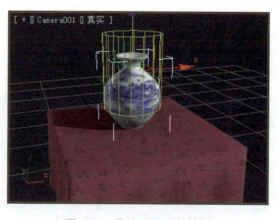

图 5-41 移动 Gizmo 的效果

(6) 渲染 Camera001 视图，观察渲染效果。

5.2.3 知识拓展：贴图坐标

贴图坐标决定了贴图在模型上的位置、方向和数量等放置方式，贴图坐标对最后的贴图效果有着较大的影响。3ds Max 中，贴图坐标采用的是 UVW 坐标系，其中，U、V 坐标轴分别代表了贴图的宽和高两个方向，它们的交点是旋转贴图的基点。W 坐标轴与 U、V 坐标平面垂直，并穿过 U、V 坐标轴的交点。

调整贴图坐标的常用方法有两种：一是使用材质编辑器的"坐标"卷展栏，二是使用 UVW 贴图修改器。

1. "坐标"卷展栏

设置了贴图材质之后，材质编辑器的"Blinn 基本参数"卷展栏中，漫反射或高光反射颜色块右边的空白按钮上会现出字母 M，单击 M 按钮即可进入下一级的编辑层，这时，材质编辑器的下方会出现"坐标"卷展栏，如图 5-42 所示。改变"坐标"卷展栏中的相应参数，即可调整贴图坐标。

图 5-42 "坐标"卷展栏

- 贴图通道：给一个物体设置不同的贴图坐标时，可以设置不同的通道，以观察和显示贴图效果。
- U、V 参数：其后的参数可以控制贴图在物体上重复贴图的次数、偏移量等。

① 偏移：设置位图贴图在 U 或 V 方向上的偏移量。可以用于调整贴图在物体表面的位置。

② 瓷砖：设置位图贴图在 U 或 V 方向上重复的次数。默认值为1，使用此项时一般要选中"瓷砖"复选框。

③ 镜像：可以使贴图产生镜像复制。

- 角度：调整贴图在 U、V、W 方向上的角度，也可以单击右下角的"旋转"按钮进行设置。
- 模糊：增加贴图的模糊程度，可以用于对远景物体的贴图。
- 模糊偏移：利用图像的偏移产生模糊的贴图效果，一般用于产生柔化的效果。

2. UVW 贴图修改器

在材质编辑器中调整贴图坐标时，场景中所有被赋予了该贴图材质的物体，其贴图效果均会受到影响。如果希望只调整某个物体的贴图坐标，则可以使用"修改"命令面板中的"UVW 贴图"修改器。此外，通过对"UVW 贴图"修改器的 Gizmo 进行移动、旋转和缩放操作，还可以非常直观地调整贴图图案在对象上的位置、大小和角度。

在视图中选择要调整贴图坐标的对象后，打开"修改"命令面板，在"修改器列表"中选择 UVW 贴图，这时命令面板中即会出现相关的参数卷展栏，如图 5-43 所示，其中包括贴图、通道、对齐、显示 4 个部分。

图 5-43 "UVW 贴图"修改器的参数

(1) 贴图：提供了 7 种不同的贴图方式。给物体指定贴图材质时，最好能够根据物体的几何结构来选择贴图方式。例如，要将含有木纹图案的材质指定给一张桌子，则可对桌子的不同部位指定不同的贴图方式。对桌面和抽屉表面可用平面贴图方式，对近似球形的抽屉把手可用球形贴图方式，而对近似柱形的桌子脚则可用柱形贴图方式。

7 种贴图方式具体如下。

- 平面：平面贴图方式是将图案平铺在物体的表面上，这种贴图方式适用于物体上的长方形平面，如桌面、墙壁、地板等。
- 柱形：柱形贴图方式是以圆柱的方式围在物体的表面，这种贴图方式适用于柱体状的物体，如花瓶、茶杯等。此选项还有一个"封口"复选框，选中该复选框后圆柱体顶面也会被贴图。
- 球形：球形贴图方式是将贴图向球体两侧包裹，然后在物体的上下顶收口，形成两个点，在球体的另一侧会产生接缝，这种贴图方式适用于球状物体。
- 收缩包裹：这是对球形贴图方式的补充。贴图坐标也是按球体方式贴图，但它与球形贴图不同的是，它将贴图从物体的顶部向下包裹，在物体的底部收口，形成一个点，点周围的贴图会产生变形。
- 长方体：这种贴图方式是在长方体的 6 个面上同时进行贴图。
- 面：在网格物体的每个面上产生一幅贴图。
- XYZ 到 UVW：XYZ 坐标系转换为 UVW 坐标系。

"贴图"栏中的其他参数如下。

- 长度、宽度、高度：用于控制贴图的大小。
- U 向平铺、V 向平铺、W 向平铺：用于设置材质重复贴图的次数。它和材质编辑器中同类贴图参数不同的是，材质编辑器是从中心开始的，而此处产生重复的基准点是右下角。其后的"翻转"项可以使贴图在对应方向上发生翻转。

(2) 通道：用于设置在哪个通道上显示贴图。

(3) 对齐：用于设置贴图坐标的对齐方式，一般在"平面"方式时使用。

- 适配：改变贴图坐标原有的位置和比例，使贴图坐标自动与物体的外轮廓边界大小一致。
- 中心：使贴图坐标中心与物体中心对齐。

- 位图适配：使贴图坐标的比例与位图图片的比例一致。
- 法线对齐：使贴图坐标与物体的法线垂直。
- 视图对齐：使贴图坐标与当前视图对齐。
- 区域适配：使贴图坐标与所画区域比例一致。
- 重置：使贴图坐标恢复到初始状态。
- 获取：可以获取其他场景对象贴图坐标的角度、位置、比例。

(4) 显示：设置贴图接缝是否显示在视图中。

5.3 案例 11：玻璃花瓶材质——反射贴图和折射贴图

5.3.1 贴图通道

玻璃花瓶材质

Standard 材质(标准材质)的"贴图"卷展栏中提供了多种贴图通道，如图 5-44 所示。使用这些贴图通道可以生成多种材质效果，如纹理、透明、凹凸、反射、折射等。"贴图"卷展栏中的"数量"用于控制贴图的程度，None 按钮用于设置贴图的类型。

案例 10 中，桌布图案及青花瓷图案就是通过"漫反射颜色"通道来实现的，下面再介绍几种常用的贴图通道。

1. 反射贴图

反射贴图用于加强材质的光亮效果。可以创建 3 种反射：基本反射贴图、自动反射贴图、平面镜反射贴图。

(1) 基本反射贴图。使用贴图图像作为反射贴图，可使图像看起来好像表面反射的一样，常用于创建玻璃或金属等有光洁亮丽表面的材质效果。图 5-45 所示是将一个天空图案的图形文件用于反射贴图，模拟球体表面的反射效果。

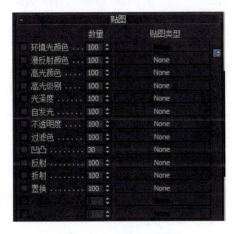
图 5-44 "贴图"卷展栏

图 5-45 使用反射贴图模拟球体表面的反射效果

(2) 自动反射贴图。不需要使用贴图图像，而是使用"材质/贴图浏览器"对话框中的"反射/折射"或"光线跟踪"贴图类型，精确地计算反射效果。自动反射贴图的效果真实，但会使渲染速度变慢。图 5-46 所示是球体表面的自动反射效果。

(3) 平面镜反射贴图。可使用"材质/贴图浏览器"对话框中的"平面镜"贴图类型创建镜面反射效果，常用于制作能产生倒影的材质，如光亮的桌面、地面、水面等，如图 5-47 所示。

图 5-46　球体表面的自动反射效果

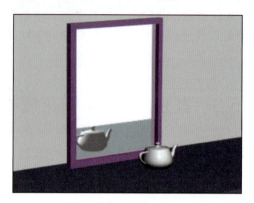

图 5-47　平面镜反射效果

2. 折射贴图

折射贴图用于模拟水、曲面玻璃等材质的折射效果，呈现透过物体所看到的效果。常常将"光线跟踪"应用于折射贴图，其目的是使赋予了该贴图材质的物体能够自动折射其周围的景物(包括画面背景)。

影响折射效果的一个重要参数是材质编辑器"扩展参数"卷展栏中的"折射率"，其默认值为 1.5，这是典型的玻璃折射率。对象的密度越大，折射率就越高。

图 5-48 所示是使用折射贴图制作的玻璃材质效果。

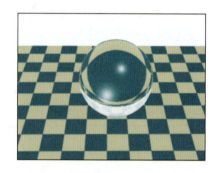

图 5-48　玻璃球的折射效果

3. 漫反射颜色贴图

漫反射颜色贴图是最常用的一种贴图，主要用于表现材质的纹理效果，它将图案直接贴到对象的漫反射区域。前面的案例 10 中，就是应用漫反射贴图制作了印花布和青花瓷材质。

设置漫反射贴图时，既可以在"贴图"卷展栏中单击"漫反射颜色"右边的 None 按钮获取贴图，也可以在材质编辑器的"Blinn 基本参数"卷展栏中单击漫反射右边的空白方块按钮。

4. 自发光贴图

自发光贴图使对象表面呈现局部发光的效果。贴图中浅色区域产生自发光效果(白色区域为完全自发光)。自发光的区域不受场景中灯光的影响，并且不接受投影。

图 5-49 所示显示了使用自发光贴图前后的广告灯箱效果对比。

使用自发光贴图前　　　　　　　　　　　使用自发光贴图后

图 5-49　使用自发光贴图前后的广告灯箱效果

5．不透明度贴图

不透明贴图是根据贴图图案的明暗来决定贴图材质的透明与否，默认情况下，贴图图案中亮度较高的地方(如白色)表现为不透明，而较暗的地方(如黑色)则表现为透明。设置不透明贴图时，如果使用一幅黑白图案，可以制作出镂空的视觉效果。如果使用一幅彩色图案，则可以制作出半透明的效果。不透明贴图通常用于制作部分透明的材质效果。

当只应用不透明贴图时，贴图中不透明图案的颜色反映为材质的漫反射颜色。如果希望贴图中的不透明图案显示为位图文件或程序贴图本身的色彩，则在应用不透明贴图的同时，还应将相同的位图文件或程序贴图应用于漫反射贴图。

图 5-50 所示是使用不透明度贴图制作的半透明桌布。

图 5-50　使用不透明度贴图制作的半透明桌布

6．凹凸贴图

凹凸贴图是一种常用的贴图通道，它使对象表面呈现凹凸不平的效果。凹凸贴图利用图像的灰度值来影响材质表面的光滑程度，贴图较明亮(较白)的区域形成凸起，而较暗(较黑)的区域则形成凹陷。当需要创建浮雕效果或粗糙不平的表面时，可使用凹凸贴图。

可以选择一个图形文件或程序贴图用于凹凸贴图。图 5-51 所示是利用凹凸贴图制作的土石材质效果。

凹凸贴图的"数量"参数影响凹凸的程度，该值越大，凹凸感就越强。有时，可以为凹凸贴图材质设置适当的高光，高光可以更好地烘托出凹凸效果。

提示：凹凸贴图的影响深度有限。如果希望模型表面上出现很深的纹理，则应该使用建模技术。

土石材质

原位图

仅应用凹凸贴图

同时应用凹凸贴图和漫反射贴图

图 5-51 利用凹凸贴图制作的土石材质

5.3.2 案例制作：设置曲面玻璃材质

【案例内容】

前面的案例 9 中制作了平板玻璃材质，其材质特性是具有透明度和平面反射效果。本案例则是要为场景中的花瓶制作玻璃材质，与平板玻璃不同的是，花瓶模型具有弯曲的表面，所以折射效果更为明显。

本案例具体效果请参见本书配套资源"案例文档"文件夹中的文件"案例 11.max"，其渲染效果如图 5-52 所示。

图 5-52 玻璃花瓶模型

【案例要点】

(1) 反射贴图的设置方法。
(2) 折射贴图的设置方法。
(3) 曲面玻璃材质的制作方法。

【制作思路】

通过折射贴图实现曲面玻璃的折射效果，通过反射贴图增加玻璃表面的光亮感。

【操作步骤】

1. 设置玻璃的折射效果

(1) 启动 3ds Max 2014 之后，打开本书配套资源"场景"文件夹下的文件"场景 5-3.max"，渲染 Camera001 视图，结果如图 5-53 所示。

(2) 在视图中选择花瓶，单击工具栏中的 按钮，或按 M 键打开材质编辑器，选择第三个示例球。

(3) 设置玻璃的颜色和反射高光。在材质编辑器的"Blinn 基本参数"卷展栏中，将漫反射颜色设置为白色。将"高光级别"设置为 110，"光泽度"设置为 70。为了便于后面在示例窗中观察材质的折射效果，可单击材质编辑器垂直工具栏中的 按钮，使示例窗内显示出彩色的方格背景。

(4) 在材质编辑器中展开"贴图"卷展栏，单击"折射"右边的 None 按钮，在弹出的"材质/贴图浏览器"对话框中双击"光线跟踪"。

(5) 单击材质编辑器中的 按钮，将当前示例球的材质指定给花瓶。渲染 Camera001 视图，结果如图 5-54 所示。

图 5-53 设置玻璃材质之前

图 5-54 玻璃花瓶的折射效果

2. 设置玻璃的反射效果

(1) 在材质编辑器中单击水平工具栏中的 按钮，返回上一编辑层。在"贴图"卷展栏中，单击"反射"右边的 None 按钮，在弹出的"材质/贴图浏览器"对话框中双击"光线跟踪"(由于前面设置的折射贴图类型为"光线跟踪"，所以这里可以直接在"贴图"卷展栏中，将"折射"右侧的按钮拖到"反射"右侧的按钮上)。注意观察当前示例球表面的变化。渲染 Camera001 视图，结果如图 5-55 所示。由于反射的数量值过大，所以花瓶显得亮度过高，同时也失去了透明感。

(2) 单击水平工具栏中的 按钮，返回上一编辑层。在"贴图"卷展栏中，将反射数量设置为 30。再次渲染 Camera001 视图，结果如图 5-56 所示。

图 5-55 花瓶的反射效果(1)

图 5-56 花瓶的反射效果(2)

(3) 继续将反射数量降低至 20，渲染 Camera001 视图，这次花瓶的玻璃质感变得逼真了。

5.4 案例 12：漫画风格——Ink'n Paint 材质

5.4.1 Ink'n Paint 材质

3ds Max 的 Ink'n Paint 材质提供了带有"墨水"边界的平面着色效果，使用该材质可以非常容易地实现卡通特色的手绘漫画风格图像。在材质编辑器中单击水平工具栏右下方的 Standard 按钮后，可在弹出的"材质/贴图浏览器"对话框中选择 Ink'n Paint，这时材质编辑器中会出现 Ink'n Paint 的"绘制控制"和"墨水控制"两个卷展栏，如图 5-57 所示。

1. "绘制控制"卷展栏

"绘制控制"卷展栏用于设置材质的颜色、绘制级别以及光泽度等参数。

- 亮区：用来指定对象中亮的一面的颜色，右侧的通道用来指定亮区贴图。如果取消选中"亮区"复选框，那么除"墨水"之外的部分都不可见，如图 5-58 所示。
- 绘制级别：其参数值范围是 0～255，控制渲染后阴影颜色的层次。绘制级别值越低，赋予材质的对象表面越平坦。增加参数值则会增加着色层次，丰富画面效果，如图 5-59 所示。

图 5-57 Ink'n Paint 材质的有关参数

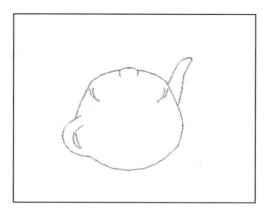

图 5-58 取消选中"亮区"复选框的渲染效果

绘制级别为 2

绘制级别为 3

绘制级别为 5

图 5-59 不同绘制级别的渲染效果

- 暗区：选中"暗区"复选框后，可以设置对象暗部的亮度百分比。数值越小，颜色越暗。
- 高光：选中该复选框后，可以设置对象表面高光区域的颜色，也可以通过"光泽度"参数设置高光区域的大小。"光泽度"值越小，高光区域越大，如图 5-60 所示。

光泽度为 50

光泽度为 30

光泽度为 10

图 5-60 不同光泽度的渲染效果

2. "墨水控制"卷展栏

"墨水控制"卷展栏用于设置对象的轮廓线。其常用参数如下。

- 墨水：选中该复选框将渲染轮廓线，否则边界的轮廓线将不被渲染。
- 墨水质量：其参数值范围是 1~3，其值越大，轮廓线笔刷的效果越细腻。当轮廓线较宽时，该参数的效果才会明显地表现出来，如图 5-61 所示。

墨水质量为 1

墨水质量为 3

图 5-61　不同墨水质量的渲染效果

- 墨水宽度：该参数以像素为单位控制轮廓线的宽度。选中"可变宽度"复选框后，可以设置轮廓线的宽度在"最大值"和"最小值"之间变化，如图 5-62 所示。

最大值为 4

最大值为 10

最大值为 30

图 5-62　不同墨水宽度的渲染效果

5.4.2　案例制作：实现漫画风格图像

【案例内容】

前面第 3 章的案例 4 中制作了一个卡通小房子，这里将为整个场景设置卡通风格的材质，其画面具有漫画效果，如图 5-63 所示。本案例具体效果请参见本书配套资源"案例文档"文件夹中的文件"案例 12.max"。

图 5-63　漫画风格的卡通场景

【案例要点】

(1) 使用 Ink'n Paint 实现漫画风格图像。

(2) 多维/子对象材质的基本应用。

【制作思路】

(1) 为场景中除大树之外的所有模型指定 Ink'n Paint 材质，并设置不同的亮区颜色。

(2) 为大树指定"多维/子对象"材质，再根据不同的材质 ID，分别为树干、树叶等子对象设置不同颜色的 Ink'n Paint 材质。

【操作步骤】

1．设置房子等对象的材质

(1) 启动 3ds Max 2014 之后，打开本书配套资源"场景"文件夹下的文件"场景 5-4.max"，渲染 Camera001 视图，结果如图 5-64 所示。

(2) 按住 Ctrl 键，在视图中分别单击屋顶、门框、窗框，同时选择这几个对象，然后单击工具栏中的 按钮，或按 M 键打开材质编辑器，选择第一个示例球，并在材质编辑器水平工具栏下的名称框中，将该材质命名为"屋顶"。单击材质编辑器中的 按钮，将当前示例球的材质指定给所选对象。

(3) 在材质编辑器中单击水平工具栏右下方的 Standard 按钮，在弹出的"材质/贴图浏览器"对话框中选择 Ink'n Paint。

(4) 在材质编辑器的"绘制控制"卷展栏中，将"亮区"设置为蓝色，"暗区"设置为 20，"绘制级别"设置为 4。

(5) 在视图中选择房子的墙体，将材质编辑器的第二个示例体材质命名为"墙体"，并指定给所选对象。设置该材质为 Ink'n Paint，然后在"绘制控制"卷展栏中，将"亮区"设置为浅蓝色，"暗区"设置为 20，"绘制级别"设置为 4。

(6) 用相同的方法，分别为场景中的地面、石板、栅栏、路灯等对象指定 Ink'n Paint 材质，并设置"亮区""暗区""绘制级别"等主要参数。这时渲染 Camera001 视图，结果如图 5-65 所示。

图 5-64 设置材质之前的场景

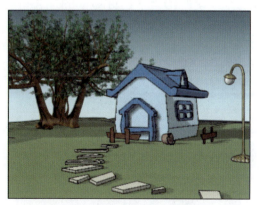

图 5-65 设置部分材质后的渲染效果

2. 设置大树的材质

场景中大树材质的制作稍微复杂些，因为大树是一个整体对象，如果用前面的方法将Ink'n Paint材质指定给大树，那么其中的树干、树枝、树叶都将变成同一种颜色。

如果希望模型的不同部位具有不同材质效果，那么可以使用复合材质中的"多维/子对象"材质。

（1）在视图中选择大树，然后在材质编辑器中选择一个示例球，并将其指定给大树。

（2）在材质编辑器中单击水平工具栏右下方的 Standard 按钮，然后在弹出的"材质/贴图浏览器"对话框中双击"多维/子对象"，这时，材质编辑器中出现了"多维/子对象基本参数"卷展栏，如图5-66所示。

图 5-66 "多维/子对象基本参数"卷展栏

（3）设置树干的材质。单击 ID 为 1 的一行右边的"子材质"按钮，然后在弹出的"材质/贴图浏览器"对话框中选择 Ink'n Paint。这时材质编辑器进入子材质编辑层。用前面介绍的方法，在材质编辑器的"绘制控制"卷展栏中将"亮区"设置为褐色，"暗区"设置为 20，"绘制级别"设置为 4。

（4）设置树干的材质。单击 ![] 按钮返回到"多维/子对象基本参数"卷展栏后，单击 ID 为 2 的一行右边的"子材质"按钮，然后在弹出的"材质/贴图浏览器"对话框中选择 Ink'n Paint。将"亮区"设置为灰绿色，"暗区"设置为 20，"绘制级别"设置为 4。

（5）设置树枝的材质。单击 ![] 按钮返回到"多维/子对象基本参数"卷展栏后，单击 ID 为 3 的一行右边的"子材质"按钮，然后在弹出的"材质/贴图浏览器"对话框中选择 Ink'n Paint。将"亮区"设置为浅褐色，"暗区"设置为 20，"绘制级别"设置为 4。这时大树的渲染效果如图 5-67 所示。

（6）设置树叶的颜色。单击 ![] 按钮返回到"多维/子对象基本参数"卷展栏，用相同的方法，设置 ID 为 5 的材质为 Ink'n Paint，并将其亮区颜色设置为淡绿色。大树最后的渲染效果如图 5-68 所示。

图 5-67 设置了树干和树枝材质后的大树

图 5-68 大树的渲染效果

5.4.3 知识拓展：复合材质

案例 12 中设置大树的材质时，使用到了复合材质"多维/子对象"材质。复合材质是两种或两种以上的材质通过某种方式相结合而形成的新材质。3ds Max 2014 提供了多种复合材质，灵活运用复合材质可以制作出千变万化的、具有丰富视觉效果的材质。在材质编辑器中单击水平工具栏右下方的 Standard 按钮后，即可在弹出的"材质/贴图浏览器"对话框中选择需要的复合材质，如图 5-69 所示。

除了"多维/子对象"材质外，常用的复合材质还有虫漆、顶/底、合成、混合、双面等。

图 5-69 在"材质/贴图浏览器"对话框中选择复合材质

1. 双面材质

双面材质可以分别为物体的内外两面赋予不同的材质和贴图，图 5-70 所示是赋予了双面材质的杯子，其内外分别呈现出不同的图案效果。"双面基本参数"卷展栏如图 5-71 所示。

图 5-70 内外不同材质的杯子

图 5-71 "双面基本参数"卷展栏

- 半透明：用于设置两种材质的混合程度，取值范围为 0～100。值为 0 时，正面材质在外；而值为 100 时，正面材质在内，背面材质在外。
- 正面材质：外表面的材质。
- 背面材质：内表面的材质。

当对带有一定厚度的物体或使用"轮廓"生成的车削物体使用双面材质时，如果看不到双面效果，可以使用"翻转法线"命令。

2. 混合材质

混合材质是将两种材质按照一定的比例进行混合，从而在物体表面产生两种材质的效果，如图 5-72 所示。

 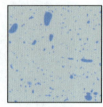 

图 5-72　两种图案的混合效果

混合的方式有两种。一种是使用"混合量"进行调节，取值范围在 0～100。当值为 0 时，显示第一种材质，当值为 100 时，显示第二种材质，当值介于两者之间时，显示两种材质的混合效果。第二种是使用"遮罩"，利用贴图的灰度值来决定两种材质的显示方式，贴图中纯黑色部分显示第一种材质，纯白色部分显示第二种材质，介于黑白两者之间的，根据亮度显示两种材质的混合效果。

"混合基本参数"卷展栏如图 5-73 所示。

- 材质 1/材质 2：单击其后的按钮，即可设置用于混合的两种材质。
- 遮罩：单击其后的按钮可选择一幅贴图，根据贴图的灰度值来决定两种材质的混合情况。
- 混合量：设置两种材质混合的百分比。
- 转换区域：设置两种材质发生转换的区域。

图 5-73　"混合基本参数"卷展栏

3. 合成材质

合成材质类似于混合材质，但它允许包含多达 10 种不同的材质进行合成。制作合成材质的方法是，先选择一种基础材质，然后选择其他类型的材质与基本材质合成。图 5-74 所示是 3 种材质的合成效果。

 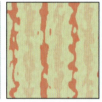 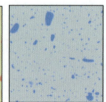 

图 5-74　3 种材质的合成效果

"合成基本参数"卷展栏如图5-75所示。

- 基础材质：设置合成材质的基本材质。
- 材质1～材质9：可以设置用于与基本材质进行合成的其他9种材质。其后的A、S、M分别代表不同的合成类型，数值框则表示对下面材质的透过程度。

4. 顶/底材质

顶/底材质可以向对象的顶部和底部指定两种不同的材质，并且还可以将这两种材质混合在一起。图5-76所示是使用顶/底材质制作的背部为蛇皮纹理而腹部为白色的花蛇效果。

"顶/底基本参数"卷展栏如图5-77所示。

- 顶材质：单击其后的按钮进入顶部材质的设置。
- 底材质：单击其后的按钮进入底部材质的设置。

图5-75 "合成基本参数"卷展栏

图5-76 顶/底材质效果

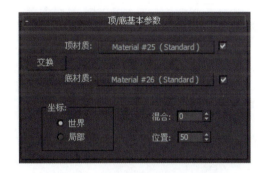

图5-77 "顶/底基本参数"卷展栏

- 交换：交换顶部材质和底部材质的位置。
- 坐标：确定顶部和底部依据的坐标系。
- 混合：设置顶部材质和底部材质相互混合的程度，其值为0～100。
- 位置：设置顶部材质和底部材质发生混合的位置，其值为0～100。

5. 多维/子对象材质

"多维/子对象"复合材质可以使模型的不同部位具有不同材质效果，例如，在一个瓶子模型上可以分别呈现出金属、玻璃和商标的材质效果。在"多维/子对象"材质的设置中，各子材质的ID是与模型子对象的ID相对应的，所以在使用多维/子对象材质的同时，一般都会通过"编辑网格"等修改器为物体的不同子对象指定不同的ID。图5-78所示是应用多维/子对象材质制作的金边茶壶效果。

"多维/子对象基本参数"卷展栏如图5-79所示。

- 设置数量：单击该按钮后可在弹出的对话框中设置子材质的数量。
- 添加：在已设置了材质数目的基础上再增加一个子材质。

图 5-78　"多维/子对象"材质效果　　　　图 5-79　"多维/子对象基本参数"卷展栏

- 删除：删除一个子材质。
- ID：该列可以为每个子材质定义一个序号。
- 名称：为子材质定义名字。
- 子材质：设置对应的子材质类型。
- 启用/禁用：控制子材质是否有效。选中复选框为有效，否则无效。

6. 虫漆材质

虫漆材质通过叠加将两种材质混合，被添加到基础材质颜色中的叠加材质称为"虫漆"材质。图 5-80 所示是虫漆材质的应用效果。

图 5-80　虫漆材质的效果

"虫漆基本参数"卷展栏如图 5-81 所示。

- 基础材质：单击其后的按钮可设置基础材质。
- 虫漆材质：单击其后的按钮可设置虫漆材质。
- 虫漆颜色混合：控制颜色混合的量。其值为 0.0 时，虫漆材质没有效果。增加

图 5-81　"虫漆基本参数"卷展栏

该参数值将增加混合到基础材质颜色中的虫漆材质颜色量。该参数没有上限，较大的值将"超载"虫漆材质颜色。

5.5 实操训练

5.5.1 给饮料瓶设置材质

饮料瓶材质

【实训内容】

前面第 3 章的案例 6 中，制作了一个饮料瓶模型，本实训将给这个瓶子模型赋予 3 种不同的材质，即金属瓶盖、玻璃瓶体和位图贴图的商标。具体效果请参见本书配套资源"实操训练"文件夹中的文件"实训 5-1.max"，其渲染效果如图 5-82 所示。

【实训重点】

(1) 理解复合材质的特点，能够灵活运用复合材质。

(2) 掌握"多维/子对象"材质的设置方法。

图 5-82　饮料瓶模型

【操作提示】

1. 为瓶子模型的子对象设置不同的材质 ID

(1) 启动 3ds Max 2014 之后，打开本书配套资源"场景"文件夹下的文件"场景 5-5.max"，Camera001 视图的渲染结果如图 5-83 所示。

(2) 选择瓶子后，单击鼠标右键，在弹出的快捷菜单中选择"转换为：/转换为可编辑网格"命令。

(3) 打开"修改"命令面板，单击 ■ 按钮或按快捷键 4 进入"多边形"子对象的编辑层级。在

图 5-83　设置瓶子材质之前的效果

前视图中选择整个瓶体，然后在命令面板的"曲面属性"卷展栏的"材质"栏中，将"设置 ID"的值设置为 1。

(4) 如图 5-84 所示，在前视图中拖动鼠标选择瓶体最上面一段瓶盖位置的所有多边形，使之变成红色显示，然后在"曲面属性"卷展栏中将"设置 ID"的值设置为 2。

(5) 如图 5-85 所示，选择瓶体下半部要贴商标的一段，然后在"曲面属性"卷展栏中将"设置 ID"的值设置为 3。

(6) 在修改器堆栈中单击"可编辑网格"，结束子对象的编辑状态。

2. 编辑多维/子对象材质

(1) 打开材质编辑器后，在材质编辑器中选择第 1 个示例球，该示例球的材质已经指定给了瓶子。

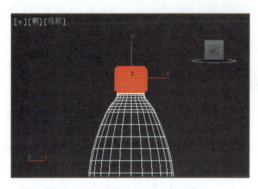
图 5-84 选择瓶盖位置的所有的面

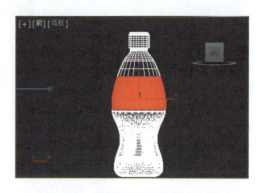
图 5-85 选择瓶体下半部分的一段

(2) 在材质编辑器中单击水平工具栏右下方的 Standard 按钮，然后在弹出的"材质/贴图浏览器"对话框中双击"多维/子对象"，这时，材质编辑器中出现了"多维/子对象基本参数"卷展栏，如图 5-86 所示。

(3) 在"多维/子对象基本参数"卷展栏中单击"设置数量"按钮，将材质数量设置为 3。

(4) 制作瓶身的玻璃材质。单击 ID 为 1 的一行右边的"子材质"按钮，然后在弹出的"材质/贴图浏览器"对话框中选择"标准"。这时材质编辑器进入子材质编辑层，使用"光线跟踪"折射贴图制作玻璃材质。渲染 Camera001 视图，结果如图 5-87 所示。

图 5-86 "多维/子对象基本参数"卷展栏

图 5-87 多维/子对象材质效果(1)

(5) 制作瓶盖的金属材质。单击 按钮返回到"多维/子对象基本参数"卷展栏后，单击 ID 为 2 的一行右边的"子材质"按钮，并在弹出的"材质/贴图浏览器"对话框中双击"标准"。

(6) 在子材质编辑层的"明暗器基本参数"卷展栏中，选择"金属"明暗器，将材质的漫反射颜色设置为白色，将"高光级别"设置为 100，"光泽度"设置为 70。最后再设置反射贴图为"光线跟踪"，反射贴图的"数量"为 40。渲染 Camera001 视图，结果如图 5-88 所示。

金属材质

(7) 制作饮料瓶商标的材质。再次单击 按钮返回到"多维/子对象基本参数"卷展栏，单击 ID 为 3 的一行右边的"子材质"按钮。在子材质编辑层中，设置漫反射贴图为"位图"，并使用本书配套资源的图形文件"材质\其他\饮料商标.jpg"。

图 5-88　多维/子对象材质效果(2)

(8) 渲染 Camera001 视图，此时会出现"缺少贴图坐标"对话框，说明需要为瓶子指定贴图坐标。

3. 设置贴图坐标

(1) 在视图中选择瓶子后，在"修改"面板的"修改器列表"中选择"UVW 贴图"修改器，并选择"参数"卷展栏中的"柱形"贴图方式。

(2) 在命令面板的修改器堆栈中，单击"UVW 贴图"修改器前的"＋"号，选中子对象 Gizmo，此时橘黄色的线框呈黄色显示。在左视图中，将 Gizmo 线框逆时针旋转 90°，再在顶视图中将 Gizmo 线框的大小缩放到和瓶体相当，最后在前视图中将 Gizmo 线框的高度缩小到和 ID 为 3 的面相当，并将其移动到适当位置。调整后的 Gizmo 线框如图 5-89 所示。

(3) 重新渲染 Camera001 视图，结果如图 5-90 所示。

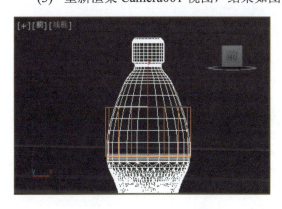

图 5-89　调整后的 Gizmo 线框

图 5-90　多维/子对象材质效果(3)

5.5.2　Substance 材质应用

【实训内容】

Substance 材质是一个贴图库，专门用于制作各种自然类物质的纹理，如混凝土、裂纹、煤、花岗石、大理石、织物、铁、皱纸等。它通过丰富的参数生成并调节材质表面的纹理，从而显示出非常真实的效果。

本次实训将使用 Substance 贴图库中的 BrickWall(砖墙)和 Stones(石头)材质，产生砖墙和碎石地面，具体效果参见本书配套资源"实操训练"文件夹中的文件"实训 5-2.max"。其渲染效果如图 5-91 所示。

图 5-91　砖墙和碎石地面

【实训重点】

(1) Substance 贴图库中材质的应用。

(2) 通过调整 Substance 贴图库中材质的参数，来改变纹理效果。

【操作提示】

(1) 启动 3ds Max 2014 之后，打开本书配套资源"场景"文件夹中的文件"场景 5-6.max"，其中提供了砖墙和地面模型。

(2) 设置砖墙的材质。在材质编辑器中选择第一个示例球，并将其材质指定给场景中的两面墙。设置漫反射贴图为 Substance，这时，"Substance 程序包浏览器"卷展栏会出现在材质编辑器中，如图 5-92 所示。

图 5-92　"Substance 程序包浏览器"卷展栏

(3) 在"Substance 程序包浏览器"卷展栏中单击"加载 Substance"按钮，弹出图 5-93 所示的"查找 Substance"对话框。双击 textures 文件夹，再选择其中的"BrickWall_02.sbsar"，最后单击"打开"按钮。这时，第一个示例球上会出现砖墙纹理。渲染 Camera001 视图，结果如图 5-94 所示。

(4) 调整砖墙的纹理。加载一种 Substance 贴图后，其相关参数卷展栏会出现在材质编辑器中。"Brick_Wall_02 参数"卷展栏如图 5-95 所示。设置其中的 Bricks X(X 轴方向砖数)为 6，设置 Bricks Y(Y 轴方向砖数)为 12，再次渲染 Camera001 视图，可以发现砖纹变大了，如图 5-96 所示。

(5) 设置石头材质。在材质编辑器中选择第二个示例球，并将其材质指定给场景中的地面。设置漫反射贴图为 Substance，再在"Substance 程序包浏览器"卷展栏中单击"加载 Substance"按钮。在弹出的"查找 Substance"对话框中双击 textures 文件夹，再选择其中的"Stones_01.sbsar"，最后单击"打开"按钮。这时，第二个示例球上会出现石头纹理。渲染 Camera001 视图，结果如图 5-97 所示。

(6) 调整石头纹理。"Stones_01 参数"卷展栏如图 5-98 所示。设置 Rock Amount(岩石数量)为 0.8，设置 Rock Color(岩石颜色)为暗绿色，设置 Rock Size(岩石大小)为 0。再次渲染 Camera001 视图，岩石纹理的变化如图 5-99 所示。

图 5-93 "查找 Substance"对话框

图 5-94 砖墙效果(1)

图 5-95 "Brick_Wall_02 参数"卷展栏

图 5-96 砖墙效果(2)

图 5-97 石头地面效果(1)

图5-98 "Stones_01参数"卷展栏

图5-99 石头地面效果(2)

第 6 章 灯 光

【本章导读】

灯光是 3ds Max 提供的照亮场景中几何体的光源。不同类型的灯光对象用不同的方法投影灯光，从而模拟真实世界中不同种类的光源。除了基本的照明作用之外，灯光还对烘托场景的整体气氛起着非常重要的作用。在 3ds Max 2014 中，灵活运用各类灯光可以准确而生动地表现出场景所处的位置环境和时间环境。例如，月光、不同时间的太阳光、室内光源等。3ds Max 2014 还能制作多种光影特效，使场景更加富有感染力。

本章重点通过两个灯光应用的案例，介绍在 3ds Max 2014 中创建灯光的方法、各类灯光的特点、常用灯光参数的设置，以及运用体积光制作特殊光效的方法。

【内容要点】

1. 3ds Max 2014 的灯光类型。
2. 灯光的创建方法及常用灯光参数。
3. 聚光灯和泛光灯的应用。
4. 基本布光技巧。
5. 体积光的应用。

6.1 案例 13：卡通小屋的夜晚光效——使用聚光灯和泛光灯

6.1.1 3ds Max 2014 的灯光类型

3ds Max 2014 提供了两大类型的灯光：标准灯光和光度学灯光。标准灯光通常用于模拟普通灯光(如车灯、室内台灯、壁灯)和太阳光等，光度学灯光则可以通过光度学值，更加精确地定义灯光。下面重点介绍标准灯光的灯光类型。

3ds Max 2014 提供了 8 种类型的标准灯光，具体如下。

(1) 目标聚光灯。
(2) 自由聚光灯。
(3) 目标平行光。
(4) 自由平行光。
(5) 泛光灯。
(6) 天光。
(7) mr 区域泛光灯。
(8) mr 区域聚光灯。

卡通小屋光效

在"创建"命令面板中，单击"灯光"按钮 ，即可打开创建灯光的命令面板。可在下拉列表中选择"标准"或"光度学"灯光。

在标准灯光面板的"对象类型"卷展栏中,提供了 8 种类型灯光的创建命令,如图 6-1 所示。单击创建灯光的命令后,在视图中拖动或单击鼠标即可创建灯光。

1. 聚光灯

聚光灯是有方向的光源,以光锥的形式发出光线,类似于日常生活中的探照灯或手电筒。3ds Max 提供了两种类型的聚光灯,即目标聚光灯和自由聚光灯。

目标聚光灯由光源点和目标点组成,如图 6-2 所示。光锥顶部的圆锥图标代表光源点,另一端的小方块图标则代表目标点。可以分别对光源点和目标点进行移动和旋转

图 6-1　创建标准灯光的命令面板

等操作,但无论光源和目标点怎样运动,同一个目标聚光灯中的光源都总是照向目标点的。目标聚光灯常被用来作为提供基本照明的主灯。

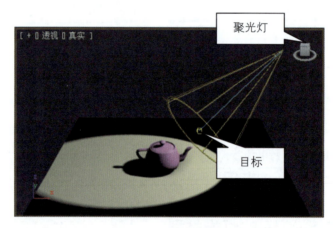

图 6-2　目标聚光灯

自由聚光灯类似于目标聚光灯,其光线仍是来自一点,并沿着锥形延伸。与目标聚光灯不同的是,自由聚光灯没有目标点。在实际应用中,自由聚光灯可以用作一些垂直或水平方向上的直射灯效果。

2. 平行光

平行光也是有方向的光源。与聚光灯不同的是,平行光发出的不是光锥,而是一束平行光线。在图 6-3 中,相互平行的栅栏支柱在聚光灯的照射下产生的阴影呈锥形,而在图 6-4 中,栅栏支柱在平行光的照射下产生的是相互平行的阴影。

3ds Max 提供了两种类型的平行光,即目标平行光和自由平行光。其中,目标平行光包含光源点和目标点,而自由平行光则没有目标点。在实际应用中,平行光常用来模拟户外太阳光的光照效果。

3. 泛光灯

泛光灯是一种点光源,如图 6-5 所示。泛光灯发出的光线向四周散射,它就像我们平

常见到的没有灯罩的电灯泡，散发出扩散的光。在实际应用中，泛光灯通常被用来作为提供均匀照明的辅助灯。

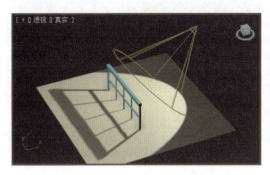

图6-3 聚光灯产生的锥形阴影

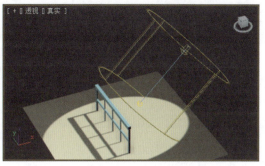

图6-4 平行光产生的平行阴影

4. 天光

天光是一种圆顶的光源，如图 6-6 所示，常用作产生较高亮度的日光。天光还可以形成非常柔和的阴影效果。

图6-5 泛光灯

图6-6 天光

5. mr 区域泛光灯

mr 区域泛光灯的基本参数与泛光灯相同，只是增加了设置区域灯光参数的卷展栏。当使用 mental ray 渲染器渲染场景时，区域泛光灯从球体或圆柱体体积发射光线，而不是从点光源发射光线。使用默认的扫描线渲染器时，区域泛光灯像标准的泛光灯一样发射光线。

6. mr 区域聚光灯

mr 区域聚光灯的参数设置与目标聚光灯基本相同，只是增加了设置区域灯光参数的卷展栏。

6.1.2　案例制作：夜晚光效

【案例内容】

为本书配套资源"场景"文件夹中文件"场景 6-1.max"提供的动画小屋户外场景设置

夜间光效,如图 6-7 所示。具体效果请参见本书配套资源"案例文档"文件夹中的文件"案例 13.max"。

通过本案例的操作,介绍聚光灯和泛光灯的创建方法,以及灯光常用参数的基本设置方法。

【案例要点】

(1) 3ds Max 2014 中的灯光类型,以及各类灯光的特点。

(2) 灯光的创建方法。

(3) 灯光的常用参数。

(4) 根据场景的具体情况灵活地运用和设置灯光。

图 6-7　动画场景夜间光效

【制作思路】

场景中的主光源是路灯的灯光,这种灯光可以用能够产生锥形光束的聚光灯来实现。同时在场景中创建若干泛光灯,使用产生散射光线的泛光灯来作为辅光,以及装饰光源。

【操作步骤】

1. 创建和设置聚光灯

(1) 启动 3ds Max 2014 之后,打开本书配套资源"场景"文件夹中的文件"场景 6-1.max"。渲染其中的 Camera001 视图,设置灯光之前的效果如图 6-8 所示。

注意,由于系统提供了默认的光源,所以,虽然此时还没有创建任何灯光,但场景仍然可以被系统的默认光源照亮。这里,我们想要得到路灯的锥形光束照射效果,就需要在路灯的位置创建一个聚光灯。

提示:当场景中的对象较多而不便于操作时,可以采用"孤立对象"的方法,暂时隐藏场景中其余的对象,从而只编辑单一对象或一组对象。选择一个或一组对象后,按快捷键 Alt+Q,即可孤立所选对象。操作完毕后,在孤立对象处单击鼠标右键,在弹出的快捷菜单中选择"结束隔离"命令,即可恢复其他对象的显示。

(2) 创建目标聚光灯。在场景中选择路灯,然后按快捷键 Alt+Q 孤立路灯。在"创建"命令面板中单击 按钮,打开"创建/灯光"命令面板。

(3) 在命令面板的"对象类型"卷展栏中,单击"目标聚光灯"按钮,使该按钮变成蓝色激活状态。

(4) 把光标移到前视图中的路灯灯泡位置,此时光标为十字形状。按住鼠标左键后,向下拖动鼠标,以确定聚光灯的目标点,最后,在地面的位置释放鼠标左键,使创建好的聚光灯在前视图中的位置和方向如图 6-9 所示。

创建了聚光灯之后,Camera001 视图中的场景反而变暗了,这是因为一旦自己创建了灯光,那么系统的默认光源将自动关闭。

第 6 章 灯光

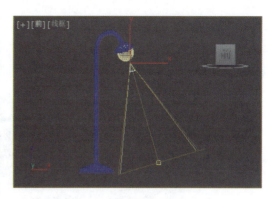

图 6-8　创建灯光之前的渲染效果　　　　图 6-9　聚光灯在前视图中的位置和方向

（5）调整聚光灯的位置。从顶视图和左视图中可以看出，聚光灯距路灯还有一定的距离。单击工具栏中的 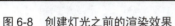 按钮，在左视图中单击聚光灯光源与聚光灯目标点之间的连线，这样即可同时选定聚光灯的光源与目标点，然后在左视图中将聚光灯移到路灯的位置，如图 6-10 所示。

（6）在路灯处单击鼠标右键，在弹出的快捷菜单中选择"结束隔离"命令，恢复场景中其他对象的显示。渲染 Camera001 视图，可以看到聚光灯的锥形光线在地面上投下了边缘清晰的光照区域，并且在聚光灯的照射范围之外，场景没有光照，如图 6-11 所示。

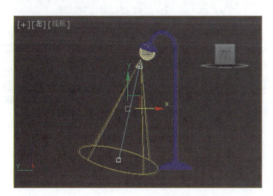

图 6-10　聚光灯在左视图中的位置　　　　图 6-11　聚光灯的照射效果(1)

（7）调整聚光灯锥形光线的照射范围。在视图中单击选定聚光灯的光源，打开"修改"命令面板，在"聚光灯参数"卷展栏中，将"聚光区/光束"的值设置为 30，将"衰减区/区域"的值设置为 140。再次渲染 Camera001 视图，可以看到聚光灯光照区域扩大了，同时光照区域边界变得非常柔和自然，如图 6-12 所示。

（8）打开聚光灯的阴影选项。在命令面板的"常规参数"卷展栏中，选中"阴影"栏中的"启用"复选框。渲染 Camera001 视图，这时可以看

图 6-12　聚光灯的照射效果(2)

出栅栏、风铃、水桶等对象在聚光灯的照射下，投下了阴影。

2．创建辅助光源

（1）打开"创建/灯光"命令面板，单击"泛光"按钮，将光标移到视图内单击鼠标左键创建泛光灯。然后单击工具栏中的 按钮，参照图 6-13，在视图中调整泛光灯的位置。

图 6-13　泛光灯在场景中的位置

（2）渲染 Camera001 视图，这时整个场景都变得非常明亮。下面我们要降低作为辅光的泛光灯的亮度，以突出路灯的照明效果。

（3）设置泛光灯的亮度。确认泛光灯被选择，打开"修改"命令面板，在"强度/颜色/衰减"卷展栏中，将"倍增"参数的值由原来的 1 设置为 0.05。再次渲染 Camera001 视图，结果如图 6-14 所示。

提示：所有的灯光都有"倍增"参数，当场景中创建了两个以上的灯光时，通常应根据各个灯光的作用将其"倍增"参数设置为不同的值，这样场景中的灯光效果才能呈现出丰富的层次感。

图 6-14　设置泛光灯后的照明效果

3．创建装饰光源

下面分别在房子门框、阁楼、栅栏的位置，创建几盏暖色光源来烘托场景的气氛。

（1）打开"创建/灯光"命令面板，单击"泛光"按钮，在房子的阁楼处单击左键创建一个泛光灯。

（2）在"修改"命令面板的"常规参数"卷展栏中，选中"阴影"复选框。在"强度/颜色/衰减"卷展栏中，设置"倍增"参数的值为 0.5。单击"倍增"右侧的颜色块，将泛光灯的灯光颜色设置为浅橙色。

（3）渲染 Camera001 视图，可以看到阁楼窗户处的橙色亮光，如图 6-15 所示。

（4）按住 Shift 键移动阁楼处的泛光灯，将它复制到门框的位置，渲染结果如图 6-16 所示。可以看出，门前的泛光灯除了照到了房子，同时也照亮了周围的石板。下面的设置把不希望受到灯光影响的对象，排除在灯光的照射范围之外。

第 6 章 灯光

图 6-15 阁楼装饰光源的效果

图 6-16 门前装饰光源的效果

(5) 设置泛光灯的排除对象。在"常规参数"卷展栏中单击"排除"按钮，打开"排除/包含"对话框，单击"包含"按钮，再在左边的场景对象列表中，选择"房子"和"栅栏1"，单击 >> 按钮，使"房子"和"栅栏1"出现在右边的包含对象列表中，如图 6-17 所示。最后单击对话框中的"确定"按钮。这样，就把"房子"和"栅栏1"之外的对象排除在了泛光灯的照射范围之外。

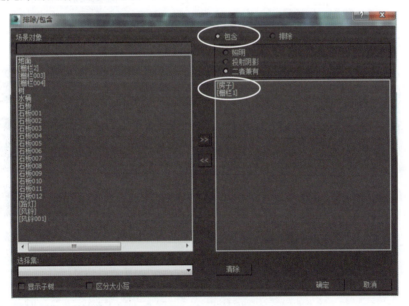

图 6-17 选择泛光灯的包含对象

提示：在"排除/包含"对话框的右上方有两个单选按钮，其中"包含"表示灯光是否包含右边列表中的对象，"排除"表示灯光是否排除右边列表中的对象。默认的选项为"排除"。

(6) 用相同的办法，在房子侧面的窗框处创建作为装饰光源的泛光灯，并使其只包含房子。渲染结果如图 6-18 所示。

157

图 6-18　窗户装饰光源的效果

（7）在树下和场景左边的栅栏处创建相同的装饰光源，并根据需要设置其倍增值以及包含对象。

6.1.3　知识拓展 1：灯光的常用参数

灯光的参数设置灵活多变。通过参数设置，可以调整灯光的色彩、亮度以及阴影效果等。除了"天光"，其余 7 种灯光的参数基本一致。下面重点介绍其中的一些常用参数。

1．"常规参数"卷展栏

"常规参数"卷展栏用于设置灯光的一般属性，包括灯光及阴影效果的开启、对象的排除等，如图 6-19 所示。

"常规参数"卷展栏的主要参数如下。

- 启用：打开和关闭灯光。

当"启用"复选框被选中时，灯光即被打开，反之，取消选中"启用"复选框后，灯光即被关闭。被关闭的灯光在视图中以黑色图标显示。

- 阴影：其中的"启用"复选框用于打开和关闭阴影。"启用"复选框下面的阴影类型下拉列表中，提供了高级光线跟踪、mental ray 阴影贴图、区域阴影、阴影贴图、光线跟踪阴影 5 种阴影类型。

图 6-19　"常规参数"卷展栏

① 高级光线跟踪。高级光线跟踪阴影与光线跟踪阴影类似，同时，高级光线跟踪还提供了抗锯齿控件，可以通过这一控件微调光线跟踪阴影的生成方式。

② mental ray 阴影贴图。该阴影类型与 mental ray 渲染器一起使用。如果选中该阴影类型但使用默认扫描线渲染器，则渲染时将不会显示阴影。

③ 区域阴影。区域阴影模拟灯光在长方形、圆形、长方体、球形等不同的区域或体积上生成的阴影。

④ 阴影贴图。阴影贴图是默认的阴影类型，能够产生较柔和的阴影效果，并且渲染速度较快。

⑤ 光线跟踪阴影。光线跟踪阴影始终能够产生清晰的阴影边界，同时还可以产生能够反映透明材质和线框材质的真实的阴影效果，但选择该类型的阴影将降低渲染速度。图 6-20 所示是阴影贴图和光线跟踪阴影两种阴影类型的对比。

 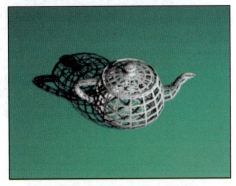

阴影贴图产生的模糊阴影　　　　　　　光线跟踪阴影产生的清晰阴影

图 6-20　不同阴影类型产生的阴影效果

- 排除：设置灯光是否照射某个对象。单击该按钮可以打开"排除/包含"对话框。

2. "强度/颜色/衰减"卷展栏

"强度/颜色/衰减"卷展栏用于设置灯光的强度、灯光的颜色和衰减效果，如图 6-21 所示。

"强度/颜色/衰减"卷展栏的主要参数如下。

- 倍增：设置系统设定的光源本身亮度的倍增值。通过调整倍增值可以使灯光变暗或变亮，该值小于 1.0 时将减小亮度，该值大于 1.0 时将增大亮度。

灯光的默认颜色为白色，单击"倍增"右边的颜色块，可在弹出的颜色选择对话框中设置灯光的颜色。

- 衰退：设置衰退类型。
- 近距衰减：用于设置灯光从照明开始处到照明达到最亮处之间的距离。选中该栏中的"使用"复选框后，即可产生近距衰减效果。

图 6-21　"强度/颜色/衰减"卷展栏

- 远距衰减：用于设置灯光从照明开始处到完全没有照明处之间的距离。选中该栏中的"使用"复选框后，即可产生远距衰减效果。

灯光衰减示意图如图 6-22 所示。

在现实生活中，光线穿过空气时会自动产生衰减现象，所以，离光源越近，光线就越强烈，随着与光源距离的增大，光线就越来越弱。而在 3ds Max 中，灯光的照射强度与距离是没有关系的，如果想产生真实的有距离感的光照效果，就可通过设置灯光的衰减参数来实现。

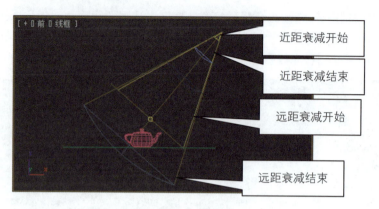

图 6-22　灯光衰减示意图

3. "高级效果"卷展栏

"高级效果"卷展栏用于设置灯光照射在物体表面上的明暗对比度,以及一些照射表面的特效,如图 6-23 所示。

"高级效果"卷展栏的主要参数如下。

- 影响曲面:设置灯光照射物体表面时的相关参数。其中的"对比度"参数表示当光源照射在物体表面时,所形成的受光面和阴暗面的对比强度,该参数可以用来制作刺眼的灯光效果。"柔化漫反射边"参数用于设置光源照射在物体表面时光线的柔和程度。

图 6-23　"高级效果"卷展栏

图 6-24 显示了"对比度"值分别为 0.0 和 100.0 时的聚光灯照射效果。

对比度为 0.0

对比度为 100.0

图 6-24　"对比度"参数对灯光照射效果的影响

- 投影贴图:可设置沿着灯光的照射方向投影出指定图像,单击其中的"无"按钮即可选择想要投影的贴图。投影贴图的效果如图 6-25 所示。

4. "阴影参数"卷展栏

"阴影参数"卷展栏用于设置灯光所投射的阴影效果,如图 6-26 所示。

图 6-25 聚光灯产生的投影贴图

图 6-26 "阴影参数"卷展栏

"阴影参数"卷展栏的主要参数如下。

- 颜色：该选项用于设置阴影的颜色。默认的颜色是黑色，单击"颜色"右边的颜色块即可打开"颜色选择器"对话框，可以在对话框中将阴影设置成任何颜色。
- 密度：该数值框用于调整阴影颜色的浓度。当"密度"为 0.0 时，不产生阴影；当"密度"取正值时，值越大颜色越浓；当"密度"取负值时，产生的阴影颜色与设置的阴影颜色相反。图 6-27 显示了不同密度值的阴影效果。

密度为 2.0

密度为 0.5

图 6-27 "密度"参数对阴影效果的影响

- 贴图：该选项用于设置图形效果的阴影，单击"贴图"右边的"无"按钮，即可在弹出的"材质/贴图浏览器"对话框中指定位图。图 6-28 显示了使用贴图阴影前后的对比。

图 6-28 贴图阴影

- 灯光影响阴影颜色：选中该复选框后，将使阴影的颜色显示为灯光颜色和阴影颜色的混合效果。

5. "阴影贴图参数"卷展栏

"阴影贴图参数"卷展栏如图 6-29 所示，通过设置阴影与物体的位置关系等参数，来产生形象逼真的阴影效果。

"阴影贴图参数"卷展栏的主要参数如下。

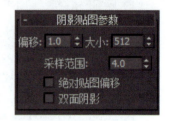

图 6-29　"阴影贴图参数"卷展栏

- 偏移：用于设置物体与阴影之间的距离。"偏移"值越大，阴影离物体的距离就越远。图 6-30 显示了"偏移"分别为 1.0 和 4.0 时的阴影效果。

偏移为 1.0

偏移为 4.0

图 6-30　"偏移"参数对阴影效果的影响

- 大小：设置阴影贴图的大小，"大小"值越大，对阴影的描述就越细致。图 6-31 显示了不同阴影大小的对比。

大小为 128

大小为 1024

图 6-31　"大小"参数对阴影效果的影响

- 采样范围：设置阴影边缘的模糊程度，"采样范围"的值越大，阴影就越模糊。图 6-32 显示了"采样范围"分别为 2.0 和 20.0 时的阴影效果。

采样范围为2.0

采样范围为20.0

图6-32 "采样范围"参数对阴影效果的影响

6. 光域

聚光灯和平行光还有一个参数相同的卷展栏，即聚光灯的"聚光灯参数"卷展栏与平行光的"平行光参数"卷展栏，如图6-33所示，可在其中设置灯光区域大小、衰减区大小、光源区域的形状等参数。

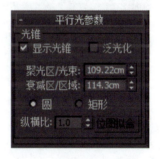

图6-33 "聚光灯参数"卷展栏和"平行光参数"卷展栏

下面以"聚光灯参数"卷展栏为例，介绍其中的主要参数。

- 显示光锥：选中该复选框后，聚光灯在各个视图中将以能够表示光照范围的锥形框显示。
- 泛光化：选中该复选框后，将使聚光灯变成点光源，就像取下灯罩的灯泡，灯光将向四周散射。激活"泛光化"选项后，聚光灯的投影边界将会消失，整个场景都被照亮。
- 聚光区/光束：该数值框用于设置灯光照射范围内光线最强的区域的大小。
- 衰减区/区域：该数值框用于设置聚光区以外光线从强到弱的区域的大小。

聚光灯和平行光投影边界是清晰还是柔和，取决于"聚光区"和"衰减区"两个参数的大小。当这两个参数值非常接近时，聚光灯或平行光投影边界就会很清晰；而这两个参数值相差较大时，聚光灯或平行光投影边界就会变得柔和，如图6-34所示。

- 圆和矩形：这一组单选按钮用于设置聚光灯照射区域的形状是呈圆形还是呈矩形。默认情况下，聚光灯的照射区域呈圆形。当选中"矩形"单选按钮后，聚光灯的照射区域就变成了矩形，如图6-35所示。

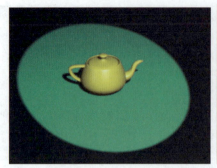 

聚光区为 43.0，衰减区为 45.0　　　　聚光区为 20.0，衰减区为 60.0

图 6-34　"聚光区"和"衰减区"对投影边界的影响

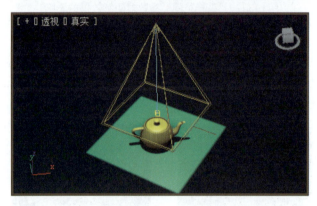

图 6-35　选中"矩形"单选按钮后聚光灯的照射效果

6.1.4　知识拓展 2：光度学灯光

光度学灯光使用光能值来精确地定义灯光，从而模拟出真实世界灯光的物理特性，包括灯光的分布、强度、色温等，实现逼真的渲染效果。创建光度学灯光的命令面板如图 6-36 所示，其中提供了 3 种类型的光度学灯光，即目标灯光、自由灯光、mr Sky 门户。

图 6-36　创建光度学灯光的命令面板

1. 目标灯光(光度学)

目标灯光具有一个目标子对象，可以用来控制灯光的照射方向。在视图中选择目标子对象后，会自动弹出一个显示目标位置灯光强度值的提示，如图 6-37 所示。不同的目标位置上，灯光的照射强度会不同，图 6-38 中，离光源近的树较亮，而离光源较远的树则较暗。

图 6-37　显示目标位置灯光强度的提示　　　　图 6-38　离光源越远，灯光强度越弱

2. 自由灯光(光度学)

自由灯光不具备目标子对象，可以通过使用移动和旋转等变换操作来控制自由灯光的照射方向和位置。

3. mr Sky 门户

mr (mental ray) Sky 门户是一种区域灯光，它可以把天光"聚集"起来并把亮度和颜色分布到室内。一般情况下，会把 mr Sky 门户设置在室内的窗口位置。使用 mr Sky 门户灯光的好处在于，不需要使用全局照明设置就可以达到较好的渲染效果，同时又节省了渲染时间。

6.1.5　知识拓展 3：常用布光法

灯光的布置对三维场景的最后渲染效果有较大的影响，好的灯光设计使整个场景更具感染力，更为真实可信。初学者在布置灯光时常常喜欢创建很多个光源，以使场景显得明亮。但是，过多的光源会使光线无序，同时也会影响渲染速度。实际上，只要合理安排光源的位置，即使是少量的光源也会产生很好的光照效果。

最传统也是最容易掌握的一种布光法是三角形布光法，即在场景中布置主灯、辅助灯和背灯 3 盏灯，这 3 盏灯的位置一般排列成三角形，如图 6-39 所示。

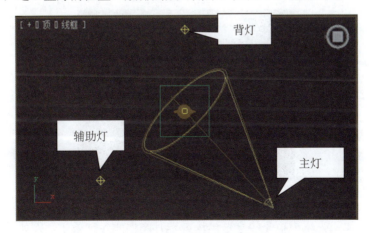

图 6-39　三角形布光法

(1) 主灯。主灯提供场景的主要照明，用来照亮大部分的场景和场景中对象的主要部分，也是产生阴影的主要光源。主灯常与摄像机设置为同一个角度。

(2) 辅助灯。辅助灯位于主灯的另一侧，用来照射主灯没有照射到的黑暗区域，以减少场景中光照的反差，使光的过渡更为自然。辅助灯的亮度低于主灯，一般为主灯亮度的一半左右。

(3) 背灯。背灯常放置在场景主体的后上方，它的亮度也应小于主灯。背灯用来加强目标造型的轮廓，同时也增加场景的纵深感。

6.2 案例 14：电影放映机的光束——使用体积光

6.2.1 体积光

体积光是 3ds Max 提供的一种大气特效之一，它能够使聚光灯、泛光灯和方向灯不仅仅起到照亮场景的作用，而且灯光本身也能以雾状光晕的形式显现出来。体积光根据灯光与大气(雾、烟等)的相互作用提供灯光效果，它可以使泛光灯产生径向光晕、使聚光灯产生锥形光晕、使平行光产生平行雾光束等效果，分别如图 6-40～图 6-42 所示。

案例：电影放映机光束

图 6-40 泛光灯的体积光效果

图 6-41 聚光灯的体积光效果

图 6-42 平行光的体积光效果

通常可以用体积光来模拟光线穿过尘埃或雾时产生的各种效果，例如，夜晚手电筒或探照灯产生的光柱、光芒透过缝隙等。

6.2.2 案例制作：设置可见光束

【案例内容】

本案例利用能够产生光晕的体积光，使电影放映机产生可见的锥形光束，如图 6-43 所示。具体效果请参见本书配套资源"案例文档"文件夹中的文件"案例 14.max"。

通过本案例的制作，介绍体积光的作用及其实现方法。

【案例要点】

体积光的设置方法及其常用参数。

【制作思路】

首先在放映机的位置创建一盏聚光灯，并使用投影贴图使聚光灯在幕布上投下一幅图片。然后对聚光灯应用体积光，使聚光灯产生可见的锥形光束。

图 6-43 放映机的锥形光束

【操作步骤】

1. 创建灯光

（1）启动 3ds Max 2014 后，打开本书配套资源"场景"文件夹中的文件"场景 6-2.max"。该文件提供的场景如图 6-44 所示。

（2）创建聚光灯。打开"创建/灯光"命令面板，单击"目标聚光灯"按钮，在放映机的位置创建一个目标聚光灯。参照图 6-45，调整聚光灯的照射角度，使之照射到幕布上。

图 6-44 设置光效前的场景

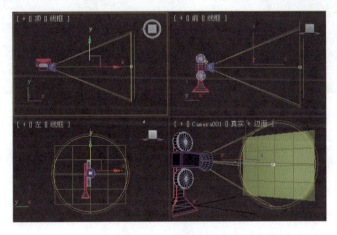

图 6-45 创建聚光灯

(3) 调整聚光灯的参数。选定聚光灯的光源点,然后打开"修改"面板,在"常规参数"的"阴影"栏中,勾选"启用"复选框。在"强度/颜色/衰减"卷展栏中,将"倍增"参数的值设置为 1。再在"聚光灯参数"卷展栏中,选中"矩形"单选按钮,并将"聚光区"设置为 30,将"衰减区"设置为 32。结果如图 6-46 所示。

(4) 设置投影贴图。确定聚光灯光源被选定,在命令面板的"高级效果"卷展栏中,单击"投影贴图"中的"无"按钮,再在打开的"材质/贴图浏览器"对话框中双击"位图",然后选择本书配套资源"案例素材"文件夹中的"成都.jpg"作为投影贴图。

(5) 将幕布的漫反射颜色调整为白色,渲染 Camera001 视图,结果如图 6-47 所示。

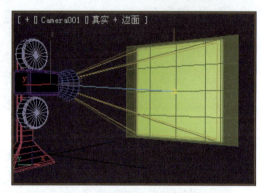
图 6-46 聚光灯的照射范围

图 6-47 聚光灯的投影贴图效果

2. 给聚灯光添加体积光

(1) 确认聚光灯的光源点被选定,在命令面板中展开图 6-48 所示的"大气和效果"卷展栏,单击"添加"按钮,弹出图 6-49 所示的"添加大气或效果"对话框。

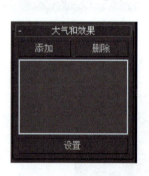
图 6-48 "大气和效果"卷展栏

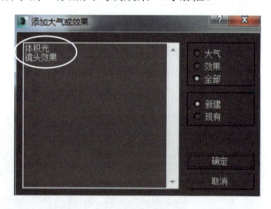
图 6-49 "添加大气或效果"对话框

(2) 在对话框中选择"体积光"选项,然后单击"确定"按钮。

(3) 渲染 Camera001 视图,结果如图 6-50 所示,可以看到聚光灯的锥形光晕。

3. 调整体积光的参数

(1) 调整体积光的密度。在"大气和效果"卷展栏中,选择"体积光"选项,然后单击"设置"按钮打开"环境和效果"对话框。对话框中的"体积光参数"卷展栏如图 6-51

所示,可在其中设置体积光的有关参数。

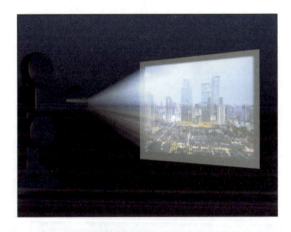

图 6-50 为聚光灯添加体积光之后的效果

图 6-51 "体积光参数"卷展栏

(2) 在"体积光参数"卷展栏中,将"密度"参数的值设置为 1.0。渲染 Camera001 视图,可以看出聚光灯光锥变得淡了一些,如图 6-52 所示。

提示:设置了体积光之后,只有渲染透视图或摄影机视图,才能渲染出体积光效果,而渲染正视图(如顶视图、前视图、左视图等)和用户视图,则不能渲染出体积光效果。设置了体积光之后,会明显降低画面的渲染速度。

(3) 设置体积光中的团状光斑。在"体积光参数"卷展栏中,将"密度"设置为 6.0。在"噪波"参数组中,选中"启用噪波"复选框,设置"数量"为 1,"大小"为 5.0。渲染 Camera001 视图,结果如图 6-53 所示。

图 6-52 减小体积光密度的效果

图 6-53 启用"噪波"参数后的体积光效果

6.2.3 知识拓展：体积光的参数

1. 另一种设置体积光的方法

案例14中，我们设置体积光是在"修改"命令面板的"大气和效果"卷展栏中进行的。除此之外，还可以通过"渲染/环境"菜单命令来设置体积光。具体操作步骤如下。

(1) 在视图中创建了灯光(可以是聚光灯，也可以是泛光灯或平行光)之后，选择"渲染/环境"菜单命令，弹出"环境和效果"对话框，其中的"大气"卷展栏如图6-54所示。

(2) 单击"大气"卷展栏中的"添加"按钮，弹出"添加大气效果"对话框，如图6-55所示，在列表栏中选择"体积光"后，单击"确定"按钮。这时，在"大气"卷展栏的"效果"列表中，即显示出已添加的体积光，同时，在"大气"卷展栏的下方，增加了一个"体积光参数"卷展栏。

图6-54 "大气"卷展栏　　　　图6-55 "添加大气效果"对话框

(3) 在"体积光参数"卷展栏中，单击"灯光"栏中的"拾取灯光"按钮，然后将光标移到视图中，单击想要应用体积光的灯光即可。

(4) 在"体积光参数"卷展栏中，根据需要设置体积光的相关参数，最后关闭"环境和效果"对话框。

2. 体积光的常用参数

- 拾取灯光：单击该按钮后，再在视图中单击某个灯光，即可启用该灯光的体积光效果。
- 移除灯光：单击该按钮，即可取消应用于某个灯光的体积光效果。
- 雾颜色：设置组成体积光的雾的颜色。单击色块可设置雾颜色。
- 衰减颜色：体积光经过灯光的近距衰减距离和远距衰减距离，将从"雾颜色"渐变到"衰减颜色"。单击色块可设置衰减颜色。
- 密度：设置体积光中雾的密度。该值越大，从体积光中反射的灯光就越多。

- 噪波：设置启用和禁用噪波，以及噪波的类型、数量、大小等。其中的"相位"参数可用于设置体积光中雾的动画效果。

6.3 实操训练

6.3.1 白天室内光效

【实训内容】

通过灯光设置，实现太阳光透过窗户照亮室内场景的效果(具体效果请参见本书配套资源"实操训练"文件夹中的文件"实训6-1.max")，其渲染效果如图6-56所示。

图6-56 室内光效

【实训重点】

(1) 创建平行光和泛光灯。
(2) 调整平行光的照射角度和泛光灯的位置。
(3) 设置平行光的聚光区和衰减区。
(4) 设置作为辅助照明的泛光灯的亮度。

【操作提示】

(1) 启动3ds Max 2014之后，打开本书配套资源"场景"文件夹中的文件"场景6-3.max"，渲染其中的Camera001视图，设置灯光之前的效果如图6-57所示。

图6-57 设置灯光之前的效果

(2) 创建目标平行光。打开"创建/灯光"命令面板，单击"目标平行光"按钮，在前视图中创建一个目标平行光，使用移动工具调整目标平行光的位置和角度，使目标平行光的方向从室外照向室内，如图 6-58 所示。

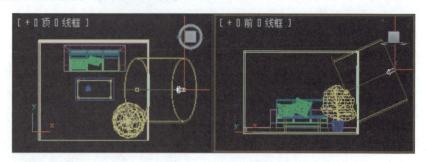

图 6-58 平行光的位置和方向

(3) 渲染 Camera001 视图，平行光的照明效果如图 6-59 所示。

(4) 打开平行光的阴影选项。在命令面板的"常规参数"卷展栏中，勾选"阴影"栏中的"启用"复选框，并设置阴影类型为"光线跟踪阴影"。渲染 Camera001 视图，结果如图 6-60 所示。

图 6-59 平行光的照明效果(1)　　　　　　图 6-60 平行光的照明效果(2)

(5) 创建用作辅助光的泛光灯。在"创建/灯光"命令面板中单击"泛光灯"按钮，在场景中创建一个泛光灯，参照图 6-61 所示，在视图中调整泛光灯的位置。

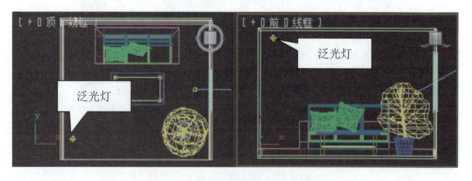

图 6-61 泛光灯在场景中的位置

(6) 渲染 Camera001 视图，这时整个场景都变得非常明亮。

(7) 设置泛光灯的亮度。确认泛光灯被选择，打开"修改"命令面板，在"强度/颜色/衰减"卷展栏中,将"倍增"参数的值设置为 0.7。再次渲染 Camera001 视图,结果如图 6-62 所示。

从渲染结果中可以看出,天花板上的光线较暗。下面再创建一个专门照亮天花板的泛光灯。

(8) 在场景中靠近地板的位置创建一个泛光灯。在"常规参数"卷展栏中,单击"排除"按钮,在打开的"排除/包含"对话框中,设置第二个泛光灯的包含对象为"天花板"。渲染 Camera001 视图,结果如图 6-63 所示。

图 6-62 设置泛光灯后的照明效果

图 6-63 最后的室内照明效果

6.3.2 神秘的油灯

【实训内容】

本书配套资源"场景"文件夹的"场景 6-4.max"文件中,提供了一个油灯模型,这里要求为油灯添加有光晕的火焰效果(具体效果请参见本书配套资源"实操训练"文件夹中的文件"实训 6-2.max"),其渲染效果如图 6-64 所示。

图 6-64 油灯

【实训重点】

(1) 创建泛光灯。
(2) 制作火焰特效。
(3) 为泛光灯设置体积光效果。
(4) 调整泛光灯的衰减参数。

【操作提示】

(1) 启动 3ds Max 2014 之后,打开本书配套资源"场景"文件夹中的文件"场景 6-4.max",渲染 Camera001 视图,结果如图 6-65 所示。

图 6-65 设置光效之前的场景

(2) 制作油灯的火焰。单击"创建"命令面板中的"辅助对象"按钮，再在下拉列表中选择"大气装置"选项。这时，在"对象类型"卷展栏中出现了三个命令按钮，即长方体 Gizmo、球体 Gizmo、圆柱体 Gizmo。

(3) 单击"球体 Gizmo"按钮，然后把光标移到顶视图中，拖动鼠标指针生成一个球形线框。在命令面板的"球体 Gizmo 参数"卷展栏中，将"半径"设置为 4，并勾选"半球"复选框。

(4) 单击工具栏中的 按钮，将半球形线框移到油灯嘴上方。再单击工具栏中的 按钮，在前视图中将半球形线框沿着 Y 轴适当放大，如图 6-66 所示。

图 6-66　球体 Gizmo 线框的形状和位置

(5) 添加火焰特效。选择"渲染/环境"菜单命令，打开"环境和效果"对话框，在其中的"大气"卷展栏中单击"添加"按钮，再在弹出的对话框中选择"火效果"选项，并单击"确定"按钮。这时，"环境和效果"对话框的下半部即出现了"火效果参数"卷展栏，如图 6-67 所示。

(6) 在 Gizmo 栏中，单击"拾取 Gizmo"按钮，再在视图中单击球体 Gizmo 线框。在"图形"栏中，设置"火焰类型"为"火舌"。在"特性"栏中，将"密度"设置为 60.0。渲染 Camera001 视图，结果如图 6-68 所示。

下面通过为泛光灯设置体积光效果，给燃烧的火焰加上光晕。

(7) 打开"创建/灯光"命令面板，单击"泛光灯"按钮，在视图中创建一个泛光灯，将泛光灯移至油灯火焰的位置，如图 6-69 所示。

图 6-67　"火效果参数"卷展栏

(8) 选择泛光灯，打开"修改"命令面板，在"大气和效果"卷展栏中，为泛光灯设置体积光，并在"环境和效果"对话框中，将体积光的雾颜色设置为橙色，将"密度"设置为 4.0。

渲染 Camera001 视图，结果显示出一片橙色，这是因为没有应用泛光灯的衰减参数，因此在泛光灯光线所到达的范围内，全部呈现出橙色的体积光效果。

(9) 设置泛光灯的衰减效果。确认泛光灯被选择，在"修改"命令面板的"强度/颜色/衰减"卷展栏中，选中"近距衰减"栏中的"使用"复选框，并将其中的"开始"和"结束"分别设置为 20 和 22。再选中"远距衰减"栏中的"使用"复选框，并将其中的"开始"和"结束"分别设置为 25 和 40。

(10) 再次渲染 Camera001 视图,可以看到在蜡烛火焰的周围,出现了一圈橙色光晕。

图 6-68 火焰效果

图 6-69 泛光灯的位置

第 7 章 摄 影 机

【本章导读】

摄影机是 3ds Max 2014 中表现场景的重要工具,它就像人的眼睛一样,可以随意从不同的角度观察场景中的对象。创建摄影机之后可以将 4 个视图之一切换成摄影机视图,通过改变摄影机的位置和拍摄角度,或是变换摄影机的镜头和视域,就能从摄影机视图中观察到来自于同一场景的各种不同效果的构图画面。

在动画制作中,摄影机更是起着至关重要的作用,特写镜头、长镜头等都是通过摄影机来实现的。

本章重点介绍 3ds Max 2014 中创建摄影机的方法,以及摄影机常用参数的功能。

【内容要点】

1. 摄影机的类型。
2. 创建摄影机。
3. 设置摄影机的参数。
4. 镜头特效。

7.1 案例 15:特写镜头——摄影机景深特效

7.1.1 3ds Max 2014 的摄影机类型

在"创建"命令面板中,单击"摄影机"按钮 ,即可打开创建摄影机的命令面板,在其中的"对象类型"卷展栏中,列出了两个用于创建不同类型摄影机的命令,如图 7-1 所示。

摄影机

图 7-1 "对象类型"卷展栏

1. 目标摄影机

目标摄影机由摄影机和目标点构成,如图 7-2 所示。目标摄影机可以非常方便地查看目标点周围的区域,只要将目标点定位在所需查看位置的中心,即可实现摄影机的定向。

2. 自由摄影机

自由摄影机只有摄影机,没有目标点,如图 7-3 所示。自由摄影机只能查看摄影机指向的区域,使用移动和旋转工具可以实现自由摄影机的定向。与目标摄影机相比,自由摄影机虽然定向操作复杂一些,但却可以轻松地实现摄影机动画。制作摄影机沿路径移动的动画(场景游历)时,通常使用自由摄影机。

在场景中创建了摄影机之后,按 C 键可以使当前视图切换成摄影机视图。通常是将透视图切换为摄影机视图。

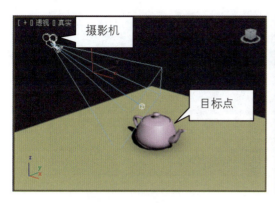

图 7-2　目标摄影机

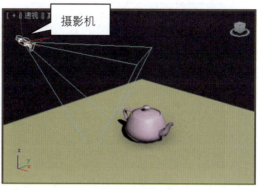

图 7-3　自由摄影机

7.1.2　摄影机的常用参数

创建并选择摄影机之后，单击命令面板上方的 按钮，即可在"修改"命令面板中设置和调整摄影机的有关参数。综合运用各种参数，可以实现传统照相机或摄影机的大多数功能，例如：变焦、广角镜头、望远镜头、景深等。

目标摄影机与自由摄影机的参数基本相同，下面以使用较多的目标摄影机为例，介绍摄影机的常用参数。

摄影机的"参数"卷展栏如图 7-4 所示。

"参数"卷展栏的常用参数如下。

(1) 镜头和视野：设置摄影机的镜头尺寸和视野角度。

镜头和视野可以说是摄影机最常用也是最重要的两个参数，它们直接关系到摄影机视图的画面效果。镜头的单位是 mm(毫米)，视野的单位是度。这两个参数是相关的，它们成反比关系，即镜头尺寸越小的摄影机，其视野越大，这就意味着能看到场景中更多的东西，反之，镜头尺寸越大，则视域就越小。当改变镜头参数的大小时，视野参数值会随之自动改变，反之亦然。

不同尺寸的镜头有不同的特点。默认的镜头尺寸为 43.456mm，相应的视野为 45°，这与人的正常视域相近。尺寸小于 43.456mm 的镜头可以产生比人的正常视域更宽阔的视野范围，这种镜头称为广角镜头，通过广角镜头看到的画面具有夸张的透视效果。广角镜头非常适合拍摄广阔的场景。尺寸在 48mm 以上的镜头可以拉近远处的场景，这种镜头称为长焦镜头或望远镜头。

图 7-4　摄影机的"参数"卷展栏

在同一场景中，保持摄影机的位置和拍摄方向不变，而只变换镜头或视域，将会产生效果迥异的拍摄画面，如图 7-5 所示。

(2) 备用镜头：提供系统预设的一组标准摄影机镜头。在"备用镜头"栏中，列出了从 15mm 到 200mm 共 9 种摄影机镜头，直接单击标有镜头尺寸值的按钮，即可快速将镜头设置为指定值。

镜头为 20mm　　　　　　　　　　　镜头为 50mm

图 7-5　不同镜头摄影机的拍摄效果

（3）显示圆锥体：勾选该复选框后，即使取消了对摄影机的选择，视图中也会显示代表该摄影机视域的锥形图标。

（4）显示地平线：勾选该复选框后，摄影机视图中会显示出一条地平线，该地平线可作为取景的参考。

（5）剪切平面：用于设置摄影机的剪切平面，剪切平面以外的物体将不被渲染。

- 手动剪切：以手动的方式来设定摄影机切片功能。当禁用"手动剪切"时，摄影机将忽略近距和远距剪切平面的位置，渲染视野之内的所有几何体。
- 近距剪切：设置摄影机切片作用的最近范围，物体在此范围之内的部分不会显现于摄影机的场景中。
- 远距剪切：设置摄影机切片作用的最远范围，物体在此范围之外的部分不会显现于摄影机的场景中。

（6）多过程效果：该选项的作用是对同一帧画面进行多过程渲染，最后准确得到摄影机的景深效果或运动模糊效果。勾选"多过程效果"栏中的"启用"复选框，即可启动下面列表栏中的景深特效或运动模糊特效。在后面 7.1.4 节中，将具体介绍摄影机景深的实现方法。在后面第 9 章的粒子动画中，将介绍摄影机运动模糊特效的实现方法。

7.1.3　摄影机的景深参数

3ds Max 的摄影机能够实现真实摄影机的景深特效。所谓景深，就是当焦点对准某一点时，其前后都仍清晰的范围。它能决定是把背景模糊化来突出拍摄对象，还是拍出清晰的背景。我们经常能够看到拍摄花、昆虫等的照片中，拍摄对象非常清晰，而背景很模糊（称为小景深），在拍摄集体照、风景等照片时，则会把背景拍摄得和拍摄对象一样清晰（称为大景深）。

3ds Max 摄影机的景深属于多过程效果。在摄影机的"参数"卷展栏中，勾选"多过程效果"栏中的"启用"复选框，并在"启用"下面的下拉列表中选择"景深"选项，即可在命令面板中显示出"景深参数"卷展栏，如图 7-6 所示。

图 7-6　"景深参数"卷展栏

"景深参数"卷展栏的常用参数如下。

- 焦点深度：设置摄影机到聚焦平面的距离。

如果勾选了"使用目标距离"复选框，那么聚焦深度就使用"参数"卷展栏末尾的"目标距离"值。如果取消了对"使用目标距离"复选框的勾选，则可以在后面的"焦点深度"数值框中自行设置聚焦深度。

- 显示过程：勾选该复选框，则可观察到多过程渲染时每一次的渲染效果，从而看到景深特效的叠加产生过程。如果取消勾选该复选框，则在多过程渲染全部完成之后，再显示出渲染的图像。
- 使用初始位置：勾选该复选框，多过程渲染的第一次渲染就从摄影机的当前位置开始。否则，则根据采样半径中设置的数值来确定第一次渲染的位置。
- 过程总数：设置多过程渲染的总次数。过程总数的值越大，景深特效图像的质量就越好，但渲染所花费的时间也就越长。
- 采样半径：设置摄影机从原始位置移动的距离。采样半径的值越大，渲染得到的图像就越模糊，景深效果也就越明显。需要注意的是，如果采样半径的值太大，则会使渲染图像发生变形。

7.1.4 案例制作：景深特效

【案例内容】

使用摄影机"景深参数"卷展栏中的相关参数，渲染出具有景深特效的特写画面，如图 7-7 所示。具体效果请参见本书配套资源"案例文档"文件夹中的文件"案例 15.max"。

【案例要点】

(1) 创建目标摄影机并调整摄影机的观察视角。
(2) 摄影机的常用参数。
(3) 景深特效的特点以及设置景深特效的方法。

图 7-7 小屋特写

【制作思路】

(1) 首先在场景中创建一个目标摄影机并将透视图切换成摄影机视图，然后调整摄影机的位置和拍摄角度。
(2) 将聚焦平面设置在要特写的对象处，即可拍摄出该对象的特写画面。

【操作步骤】

1. 创建目标摄影机

(1) 打开场景文件。启动 3ds Max 2014 后，打开本书配套资源"场景"文件夹中的文件"场景 7-1.max"。该文件提供了一个卡通小屋户外场景。

(2) 建立目标摄影机。单击"创建"命令面板中的"摄影机"按钮 ，打开创建摄影机的命令面板。在"对象类型"卷展栏中单击"目标"按钮,在顶视图中拖动鼠标创建一个目标摄影机。

提示:按快捷键 Ctrl+C 可以快速在场景中创建一个摄影机,并自动将透视图切换成摄影机视图。

注意观察视图中出现的目标摄影机图标,其中,位于摄影机锥形图标顶端的是摄影机,另一端则是以小矩形框表示的目标点。摄影机与目标点之间以一条直线相连。

(3) 切换透视图为摄影机视图。单击透视图,再按 C 键,这时透视图即变成了摄影机视图。其左上角显示出的视图名称"Camera001",即为刚才创建的目标摄影机的名称。

2. 调整摄影机的位置

(1) 单击工具栏中的 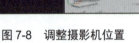 按钮,在前视图或左视图中,单击摄影机和目标点之间的连线(这样可以同时选中摄影机和目标点),然后向上拖动鼠标,使摄影机和目标点同时向上移动。在移动摄影机的过程中,注意观察 Camera001 视图,当摄影机的位置发生变化时,摄影机视图中的画面也随着改变。

(2) 参照图 7-8,分别调整摄影机和目标点的位置,同时注意观察摄影机视图,以便获得较好的构图效果。渲染 Camera001 视图,结果如图 7-9 所示,可以看出,摄影机镜头内的所有对象都非常清晰。

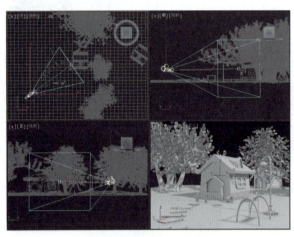

图 7-8　调整摄影机位置　　　　　　　图 7-9　摄影机取景

提示:由于场景中的对象较多,在调整摄影机的位置时,很容易误选到其他对象。为了操作方便,可以在选择摄影机之后,按快捷键 Ctrl+I(反选)快速选择摄影机外的全部对象,再单击鼠标右键,在弹出的快捷菜单中选择"冻结当前选择"命令。

3. 启用景深效果

(1) 参照图 7-10 所示,在顶视图中将摄影机的目标点移至小屋的位置。

(2) 在视图中选择摄影机,单击命令面板上面的 按钮,打开"修改"命令面板。在"参数"卷展栏中,勾选"多过程效果"栏内的"启用"复选框。注意"启用"下面的下拉列表中默认为"景深"。

(3) 注意观察"景深参数"卷展栏中"焦点深度"栏的参数设置,在默认的情况下启用了"使用目标距离"选项,因此聚焦平面位于摄影机的目标点处。

(4) 在"景深参数"卷展栏中,将"采样半径"设置为20cm。渲染Camera001视图,结果如图7-11所示,可以看出,小屋前后的景物都变得模糊了,而小屋则清晰地凸显了出来。

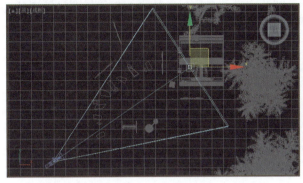 

图7-10 摄影机的目标点移至小屋的位置　　　图7-11 景深效果(1)

(5) 在"景深参数"卷展栏中,再将"采样半径"增大至40,然后渲染Camera001视图,这次模糊程度加强了,景深效果变得更加明显,如图7-12所示。

(6) 改变焦点深度。在顶视图中,将摄影机的目标点移至秋千架的位置,再次渲染Camera001视图,可以看到秋千架变得清晰,而其余对象则变得模糊,如图7-13所示。

图7-12 景深效果(2)　　　　　　　　图7-13 景深效果(3)

7.1.5 知识拓展:摄影机视图的调整控制按钮

单击摄影机视图使之成为当前视图后,屏幕右下方的视图导航区中即会出现摄影机视图的调整控制按钮,如图7-14所示。单击其中一个按钮,然后在摄影机视图中拖动鼠标,即可轻松实现摄影机镜头的推拉、平移、摇动等效果。

图7-14 摄影机视图的调整控制按钮

1. 推拉摄影机

该按钮组中包含以下3个按钮。

1) 推拉摄影机

该按钮的作用是沿着目标点与摄影机的连线推动摄影机。在推动过程中,画面的透视效果保持不变，而只是改变拍摄景物的远近效果。使用该按钮，可以制作出景物由近渐远或由远及近的动画。

2) ![icon] 推拉目标

该按钮的作用是沿着目标点与摄影机的连线推动目标点，在推动目标点的过程中，摄影机视图保持不变。实际上，改变目标点的距离也就改变了默认的聚焦平面的距离，在运用景深效果时，可使用"推拉目标"按钮直观地调整聚焦平面。

3) ![icon] 推拉摄影机+目标

该按钮的作用则是同时推动摄影机和目标点。

2．![icon] 透视

该按钮的作用是对摄影机的镜头尺寸和视域进行微调，在保持拍摄主体不变的情况下，改变摄影机视图的透视效果。

3．![icon] 侧滚摄影机

该按钮的作用是通过摇动摄影机，使摄影机视图产生水平面上的倾斜。

4．![icon] 视野

该按钮的作用是改变摄影机视野的角度大小。

5．![icon] 平移摄影机

该按钮的作用是同时移动摄影机和目标点。

6．![icon] 环游摄影机

该按钮组中包含以下两个按钮。

1) ![icon] 环游摄影机

该按钮的作用是以目标点为轴心转动摄影机。

2) ![icon] 摇移摄影机

该按钮的作用是以摄影机为轴心，转动摄影机的目标点。

7.2 实操训练

7.2.1 海岸场景取景

【实训内容】

在本书配套资源"场景"文件夹内"场景 7-2.max"文件提供的场景中，创建一个目标摄影机，通过调整摄影机的拍摄方向及镜头尺寸，分别产生海岸场景不同视角的表现画面。

【实训重点】

(1) 创建目标摄影机。
(2) 调整摄影机的拍摄角度和方向。
(3) 设置摄影机的常用参数。

【操作提示】

(1) 启动 3ds Max 2014 之后，打开本书配套资源"场景"文件夹中的文件"场景 7-2.max"。

(2) 激活透视图，按快捷键 Ctrl + C 在场景中创建一个摄影机。

(3) 产生场景的俯视图。调整摄影机的位置和拍摄方向，使摄影机从上往下拍摄，如图 7-15 所示，这时，摄影机视图的渲染效果如图 7-16 所示。

图 7-15　摄影机的俯视角度

(4) 调整摄影机的位置，使灯塔处于画面的中央，形成一个平衡的构图，如图 7-17 所示。

图 7-16　场景俯视图　　　　　　　　　图 7-17　把灯塔作为拍摄主体

(5) 保持摄影机的位置和角度不变，选定摄影机后，在命令面板的"参数"卷展栏中，将"镜头"设置为 20mm。再次渲染摄影机视图，可以看出摄影机视野增大了，如图 7-18 所示。

图 7-18　改变摄影机镜头大小

7.2.2 摄影机动画

【实训内容】

参照本书配套资源"实操训练"文件夹中的文件"实训 7-2.avi",制作一个推拉摄影机的动画,使拍摄画面逐渐由远及近。其静态渲染图如图 7-19 所示。

图 7-19 推拉摄影机画面

【实训重点】

(1) 摄影机视图控制按钮的使用。
(2) 制作简单的摄影机动画。

【操作提示】

(1) 打开本书配套资源"场景"文件夹中的文件"场景 7-3.max",该场景中已经创建了一个摄影机。

(2) 单击位于摄影机视图下方的"自动关键点"按钮,使之变成红色,然后向右拖动时间滑块到第 100 帧的位置。

(3) 单击 Camera001 视图,再单击屏幕右下角的"推拉摄影机"按钮 ,然后把光标移到 Camera001 视图中,按住鼠标左键后向上拖动鼠标,注意观察摄影机视图,可以看到镜头逐渐推进,最后在适当的位置处释放鼠标左键。

(4) 单击"自动关键点"按钮使之恢复成灰色,结束动画的录制。

(5) 单击动画控制区中的"播放动画"按钮 ,从 Camera001 视图中预览动画的效果。

(6) 渲染动画。激活 Camera001 视图,再单击位于工具栏右侧的"渲染设置"按钮 ,渲染动画。

第 8 章 动画制作

【本章导读】

3ds Max 2014 提供了很多创建动画的方法,以及大量用于管理和编辑动画的工具。例如,可以为对象的位置、旋转和缩放制作动画,可以为几乎所有能够影响对象的形状与外表的参数设置制作动画,可以创建对象之间的链接关系并制作正向运动或反向运动的动画,等等。此外,还可以在轨迹视图中编辑动画。

【内容要点】

1. 动画的基本创建方法。
2. 制作关键帧动画。
3. 使用曲线编辑器。
4. 使用正向运动学设置动画。
5. 使用动画控制器。
6. 制作路径约束动画。

8.1 案例 16:变换的灯光——使用自动关键点模式制作基本动画

灯光动画

8.1.1 动画基础

动画的产生是利用人眼睛的视觉暂留完成的,这与电影和电视的原理完全一样,只不过电影和电视是通过摄影机拍摄出一系列连续的动作画面,而动画则是通过手工或计算机绘制出连续的动作画面。当每秒变化的画面超过 15 幅时,连续画面就会在人的眼睛里产生动画影像。

1. 帧

帧是指构成连续动画的每一幅单独的画面。当一组连续变化的画面以每秒 15 帧以上的速度播放时,就形成了动画的视觉效果。

2. 关键帧与关键点

一个动画是由一组画面构成的,在 3ds Max 中制作动画时,并不需要逐一制作出所有的画面,而是只需设计出动作从一种状态变为另一种状态的转折点所在的画面,这种画面就是关键帧。两个关键帧之间的画面称为中间帧,3ds Max 将自动生成中间帧,从而得到一个动作流畅的动画。

关键帧记录场景内对象或元素每次变换的起点和终点,这些关键帧的值称为关键点。

需要注意的是,能够形成动画的因素不仅仅有对象位置的移动,实际上,在 3ds Max

中可以改变的任何参数，包括位置角度、大小比例、各类参数、材质特征等，都可以被设置成动画。

设置了关键帧之后，可以在时间轴上观察到关键点标记。移动对象产生的关键点标记为红色。旋转对象产生的关键点标记为绿色。缩放对象产生的关键点标记为蓝色。

3. 动画时间

时间是动画中的一个重要因素，不同的帧分布在时间轴上的不同位置。在默认的情况下，3ds Max 2014 的时间单位为帧，动画总长度为 100 帧，即从第 0 帧开始至第 100 帧结束，动画播放的速度(帧速率)为每秒 30 帧。从一个关键帧到下一个关键帧之间的帧数，即可反映一个动作变化成另一个动作所经历的时间长短，即动作的快慢。

单击动画控制区中的 按钮，即可弹出图 8-1 所示的"时间配置"对话框，在该对话框中可以设置帧速率和动画长度等时间参数。

图 8-1　"时间配置"对话框

"时间配置"对话框中的常用参数如下。

- 帧速率：该参数栏用于设置动画的播放速度，其中包含以下 4 个选项。
① NTSC：该选项表示采用美国录像播放制式标准，其帧速率为 30 帧/秒(FPS)。
② 电影：该选项表示采用电影播放制式标准，其帧速率为 24FPS。
③ PAL：该选项表示采用欧洲录像播放制式标准，其帧速率为 25FPS。
④ 自定义：选择该选项后，即可在下面的 FPS 框中输入数值，自定义帧速率。
- 时间显示：指定不同的时间显示格式。
① 帧：完全使用帧显示时间。这是默认的显示模式。
② SMPTE：使用电影电视工程师协会格式显示时间。SMPTE 格式从左到右依次显示分钟、秒和帧，其间用冒号分隔开来。例如，"5:16:18"表示 5 分钟、16 秒和 18 帧。
③ 帧:TICK：使用帧和程序的内部时间增量(称为 TICK)显示时间。
④ 分:秒:TICK：以分钟、秒和 TICK 显示时间，其间用冒号分隔。
- 动画：该参数栏用于设置动画长度以及活动时间段等参数。
① 开始时间和结束时间：分别用于设置活动时间段的起始帧和终止帧。活动时间段是指当前可以访问的帧的范围，默认范围是从第 0 帧到第 100 帧。对于一个总帧数太多的动画，如果暂时只想处理其中的某一部分，那么为了方便操作，就可以将想要处理的这部分帧设置成活动时间段。
② 长度：在该数值框中可设置动画长度(即动画包含的总帧数)。默认的动画总帧数为 101 帧。

4. 时间滑块

视图区下方的时间滑块上显示了当前动画时间，并且可以通过它移动到活动时间段中的任何时间上。例如，时间滑块 27/100 表示当前时间为第 27 帧，活动时间段的长度为 100 帧。

单击时间滑块左右两侧的箭头按钮，或是在时间滑块任一侧的空白轨迹处单击，均可更改当前动画时间。

5. 轨迹栏

轨迹栏位于时间滑块下方，如图 8-2 所示，其中提供了显示帧数(或相应的显示单位)的时间线。轨迹栏可以显示一个或多个选定对象的动画关键点，位移、旋转和缩放关键点分别显示为红色、绿色和蓝色，修改器等参数关键点则显示为灰色。可以在轨迹栏中移动、复制和删除关键点。

图 8-2　轨迹栏

6. 动画控件

动画控件位于 3ds Max 窗口底部，如图 8-3 所示。

图 8-3　动画控件

动画控件中常用按钮的功能如下。

(1) ![] 设置关键点。为所选对象创建关键点。使用"设置关键点"可以控制关键点的内容以及关键点的时间。

(2) 自动关键点。该按钮被按下时为启用状态，这时按钮呈红色显示，同时时间滑块及活动视图的边框也显示为红色。该按钮处于启用状态时，所有位置、旋转和缩放的更改都设置成关键帧。当处于禁用状态时，这些更改将应用到第 0 帧。

(3) ![] 转至开头。单击该按钮后，时间滑块会移动到活动时间段的第一帧。

(4) ![] 上一帧。单击该按钮后，时间滑块将移到当前帧的前一帧。

(5) ![] 播放动画。该按钮用于在活动视图中播放动画。动画播放期间，该按钮会被 按钮所取代，单击 ![] 按钮即可停止播放动画。

按下 ![] 按钮不放，可以弹出另一个选项，即 ，该按钮的作用是在活动视图中播放所选对象的动画。

(6) ![] 下一帧。单击该按钮后，时间滑块将移到当前帧的下一帧。

(7) ![] 转至结尾。单击该按钮后，时间滑块会移动到活动时间段的最后一帧。

(8) ![] 关键点模式切换。按下该按钮后，![] 按钮会变成 ，![] 按钮会变成 。这时，单击 ![] 和 ![] 按钮即可让时间滑块在关键帧之间直接跳转。

(9) ![] 当前帧数值框。该数值框用于设置当前帧。在数值框中输入数值并按 Enter 键后，时间滑块即可直接移到该数值所指定的帧。

8.1.2 案例制作：设置关键帧

【案例内容】

制作卡通小屋灯光颜色变换的动画。整个动画总帧数为 120 帧，在 0 至 60 帧内，灯光的颜色由黄色变为红色。在 60 至 120 帧内，灯光的颜色又由红色变为黄色(具体效果请参见本书配套资源"案例文档"文件夹中的文件"案例 16.max"和"案例 16.avi")，其静态渲染图如图 8-4 所示。

图 8-4 变换的灯光

【案例要点】

(1) 动画的基本制作方法。
(2) 使用自动关键点模式自动设置关键帧。

【制作思路】

在该动画中，可以使用自动关键点模式，在不同的时间点上设置灯光的颜色。即在第 0 帧、第 60 帧和第 120 帧分别设置灯光的颜色为黄色、红色、黄色。

【操作步骤】

1. 打开场景文件

启动 3ds Max 2014 之后，打开本书配套资源"场景"文件夹中的文件"场景 8-1.max"，其中提供了一个卡通小屋的夜间场景。

2. 设置动画的时间长度

(1) 单击动画控制区中的 ![btn] 按钮，打开"时间配置"对话框。
(2) 在"时间配置"对话框中，将"长度"设置为 120。

3. 制作灯光颜色变换的动画

(1) 单击 Camera001 视图下方的"自动关键点"按钮或按快捷键 N，使该按钮变成深红色，进入动画录制状态。

(2) 确认当前帧为第 0 帧，单击工具栏中的"按名称选择"按钮 ![btn]，在弹出的对话框中选择"Omni003"并单击"确定"按钮，选择小屋门前的泛光灯。渲染 Camera001 视图，可以看到这时灯光的颜色是橙色。在"修改"命令面板里的"强度/颜色/衰减"卷展栏中，将灯光的颜色设置为黄色。

(3) 向右拖动时间滑块到第 60 帧的位置，在"修改"命令面板的"强度/颜色/衰减"卷展栏中，将泛光灯 Omni003 的颜色设置为红色。

(4) 继续拖动时间滑块到第 120 帧，然后在"强度/颜色/衰减"卷展栏中，将泛光灯 Omni003 的颜色设置为黄色。

(5) 单击"自动关键点"按钮或按快捷键 N，使"自动关键点"按钮恢复成灰色，结束动画的录制。

4．渲染动画

(1) 激活 Camera001 视图，单击位于工具栏右侧的"渲染设置"按钮 ，或按快捷键 F10，弹出图 8-5 所示的"渲染设置"对话框。

(2) 在对话框的"时间输出"栏中，选择"活动时间段"选项，表示渲染的范围从第 0 帧至第 120 帧。

(3) 在"渲染输出"栏中，单击"文件"按钮，再在弹出的对话框中选择要保存动画文件的路径，并输入动画文件的文件名"案例 16.avi"，最后单击"保存"按钮返回"渲染设置"对话框。

(4) 单击对话框底部的"渲染"按钮，开始逐帧渲染动画。动画渲染完成后，即可关闭"渲染设置"对话框。

5．查看动画文件

(1) 选择"渲染"菜单命令，在弹出的级联菜单中选择"查看图像文件"命令。

(2) 在弹出的对话框中选择刚才生成的动画文件"案例 16.avi"，单击"打开"按钮，即可观看到动画效果。

图 8-5 "渲染设置"对话框

8.1.3 知识拓展：查看关键点

在视图中选择一个设置了动画的对象之后，轨迹栏中会显示出该对象所有的关键点标志。可以在轨迹栏中非常方便地移动、复制和删除关键点。

1．在轨迹栏中移动或复制关键点

(1) 在轨迹栏中单击选择一个关键点。

(2) 按住鼠标左键，沿轨迹栏拖动鼠标，即可移动关键点。

(3) 按住 Shift 键的同时拖动鼠标，即可复制关键点。

2．在轨迹栏中删除关键点

(1) 在轨迹栏中单击选择一个关键点。

(2) 按 Delete 键即可删除所选关键点。

8.2 案例 17：向前蹦跳的青蛙——使用曲线编辑器

8.2.1 曲线编辑器

蹦跳的青蛙

3ds Max 提供了"轨迹视图"，用于查看和修改场景中的动画数据。轨迹视图有两种不同的模式，其中一种就是"曲线编辑器"。在曲线编辑器模式下，动画显示为图形化的功能曲线。

单击工具栏中的 ![] 按钮，即可打开"轨迹视图-曲线编辑器"窗口。相比以前的版本，3ds Max 2014 对曲线编辑器做了一定的更新。其操作界面主要分为 4 个部分：菜单栏、工具栏、控制器窗口、关键点窗口，如图 8-6 所示。

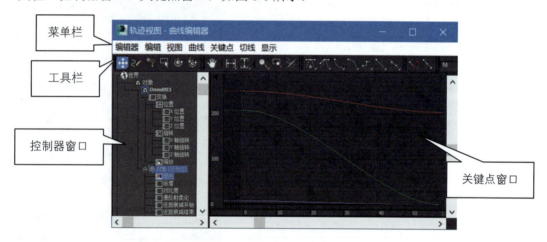

图 8-6　轨迹视图 - 曲线编辑器

1．工具栏

工具栏中主要包括一组用于编辑关键点的按钮，其中常用按钮的功能如下。

(1) ![] 移动关键点。单击该按钮后，可在关键点窗口中移动所选关键点的位置。

(2) ![] 绘制曲线。单击该按钮后，可在编辑窗口中直接绘制动画曲线。

(3) ![] 添加关键点。单击该按钮后，可在关键点窗口的动画曲线上单击鼠标增加关键点。

(4) ![] 区域工具。使用该工具可以在矩形区域中移动和缩放关键点。

(5) ![] 平移。单击该按钮后，可以在关键点窗口中拖动手形光标，平移其中显示的内容，以方便编辑操作。

(6) ![] 框显水平范围。单击该按钮后，将在水平方向上以最大化的形式显示出动画曲线。

(7) ![] 框显值范围。单击该按钮后，将在垂直方向上以最大化的形式显示出动画曲线。

(8) ![] 缩放。单击该按钮后，可以在关键点窗口中拖动鼠标，对动画曲线缩放显示。

(9) ![] 缩放区域。单击该按钮后，可以缩放关键点窗口的局部区域。

(10) ![] 将切线设置为自动。单击该按钮后，将所选关键点设置为自动切线。可以在关键点窗口中通过关键点两端的控制柄来调整关键点前后的曲线弯曲程度。

(11) 将切线设置为样条线。将所选关键点设置为样条线切线，可以分别调整关键点两端的控制柄。

(12) 将切线设置为快速。将所选关键点前后的动画曲线设置为加速变化的效果。

(13) 将切线设置为慢速。将所选关键点前后的动画曲线设置为减速变化的效果。

(14) 将切线设置为阶梯式。将所选关键点前后的动画曲线设置为阶梯状的变化效果。

(15) 将切线设置为线性。将所选关键点前后的动画曲线设置为直线的变化效果。

(16) 将切线设置为平滑。将所选关键点前后的动画曲线设置为平滑过渡的变化效果。

2．控制器窗口

曲线编辑器窗口的左边是控制器窗口，其中以层级列表的方式列出了场景中的所有对象及其动画特性。

3．关键点窗口

在关键点窗口中，可以移动或复制动画关键点，修改关键点的属性以及调整动画曲线。在控制器窗口中选择的项目不同，关键点窗口内就会显示出不同的内容。

8.2.2 案例制作：蹦跳的青蛙

【案例内容】

制作青蛙在地面上向前蹦跳的动画，具体效果请参见本书配套资源"案例文档"文件夹中的文件"案例 17.max"和"案例 17.avi"，其静态效果如图 8-7 所示。

【案例要点】

(1) 使用轨迹视图-曲线编辑器。

(2) 在轨迹视图-曲线编辑器中编辑关键点的方法。

(3) 动画过程中重复动作的设置方法。

【制作思路】

图 8-7　蹦跳的青蛙

使用轨迹视图-曲线编辑器编辑关键点，形成青蛙蹦跳时加速下落的动画效果，同时，还运用曲线编辑器的"超出范围类型"功能，自动生成青蛙反复向前跳动的动画。

【操作步骤】

1．设置动画的时间长度

(1) 启动 3ds Max 2014 之后，打开本书配套资源"场景"文件夹中的文件"场景

8-2.max"。该文件提供了一个卡通青蛙的场景。

(2) 单击动画控制区中的 ![btn] 按钮,打开"时间配置"对话框。在对话框中,将"长度"设置为 120。

2. 设置青蛙向前蹦跳一次的动作

(1) 单击"自动关键点"按钮,开始动画的录制。

(2) 向右拖动时间滑块到第 10 帧的位置,再单击工具栏中的 ![btn] 按钮,在前视图中将青蛙向右上方移动一定的距离,形成青蛙向前跳起的状态,如图 8-8 所示。

(3) 单击工具栏中的 ![btn] 按钮,在前视图中将青蛙绕 Z 轴沿逆时针方向旋转一定的角度,如图 8-9 所示。

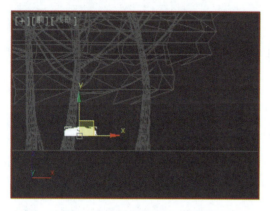
图 8-8　青蛙在第 10 帧时的位置

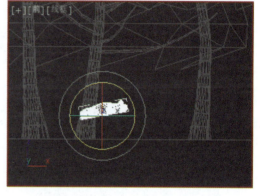
图 8-9　青蛙在第 10 帧时的角度

(4) 继续向右拖动时间滑块到第 20 帧的位置,再在前视图中将青蛙向右下方移动,使青蛙向前落回地面上,并将其旋转回水平状态。

(5) 再次单击"自动关键点"按钮,结束动画的录制。这时,可以从时间滑块所在的轨迹栏上,观察到第 0 帧、第 10 帧和第 20 帧的位置分别出现了一个红色的位移关键点标志,以及绿色的旋转关键点标志。

(6) 单击动画控制区中的 ![btn] 按钮,从 Camera001 视图中观察动画的效果。可以看出,青蛙在第 0 帧到第 20 帧的时间范围内在地面上匀速向前跳动一次,而在第 20 帧之后的时间里则静止不动。

下面我们将使用"轨迹视图-曲线编辑器"编辑关键点,形成青蛙加速下落并反复向前蹦跳的动作。

3. 使用"轨迹视图-曲线编辑器"

(1) 选择青蛙后,单击工具栏中的 ![btn] 按钮,打开"轨迹视图-曲线编辑器"窗口,如图 8-10 所示。其中,关键点窗口中显示的蓝色曲线表示青蛙在 Z 轴上的位移变化,红色曲线表示青蛙在 X 轴上的位移变化。

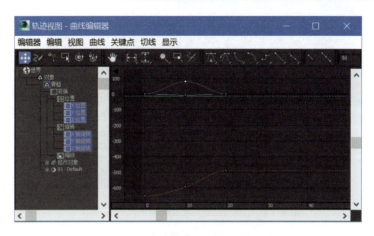

图 8-10 "轨迹视图-曲线编辑器"窗口

(2) 在曲线编辑器的关键点窗口中，单击选择蓝色曲线顶部第 10 帧处的关键点，使它变成白色激活状态。再单击曲线编辑器工具栏中的"将切线设置为快速"按钮 ，这时蓝色曲线的变化如图 8-11 所示。

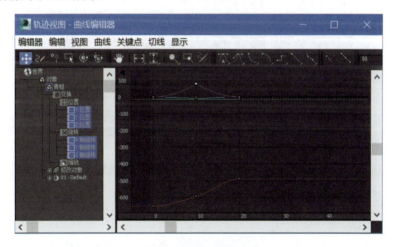

图 8-11 改变曲线类型

(3) 再次从 Camera001 视图中预览动画效果，青蛙的下落和弹起动作变得更加真实自然了。

下面我们将继续运用轨迹视图-曲线编辑器，在整个动画的时间范围内，自动生成青蛙向前跳动的重复动作。

4. 生成青蛙向前蹦跳的重复动作

(1) 在"轨迹视图-曲线编辑器"窗口中，选择"编辑/控制器/超出范围类型"菜单，打开图 8-12 所示的"参数曲线超出范围类型"对话框。

该对话框中提供了 6 种参数曲线超出范围类型，每种类型下面的 按钮，可使当前范围的功能曲线向左边扩展，而 按钮则可使当前范围的功能曲线向右边扩展。

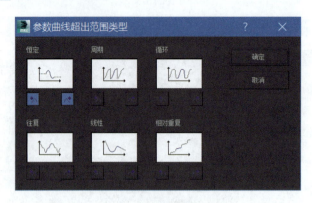

图 8-12 "参数曲线超出范围类型"对话框

(2) 在对话框中单击选择"相对重复"类型,再单击"确定"按钮。这时蓝色曲线和红色曲线的变化如图 8-13 所示,在第 20 帧至第 120 帧的时间段内,蓝色曲线以虚线方式循环出现了 5 次,而红色曲线的走向则表示青蛙在 X 轴方向上一直向前递进。

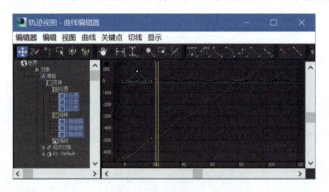

图 8-13 使用"相对重复"类型后的曲线

(3) 关闭"轨迹视图-曲线编辑器"窗口。

5. 预览并渲染动画

(1) 单击 Camera001 视图,再单击屏幕下方动画控制区中的 ▶ 按钮或按快捷键/,从 Camera001 视图中预览青蛙的动画效果。可以看到青蛙在整体动画的时间范围内重复向前跳动了 6 次。再次按快捷键/可停止播放动画。

(2) 激活 Camera001 视图后,单击工具栏中的 按钮设置并渲染动画。最后选择"渲染/查看图像文件"菜单命令,播放动画文件。

8.3 案例 18:行驶的小车——使用正向运动学设置动画

8.3.1 链接

将一组对象链接在一起形成一种层次关系,是 3ds Max 提供的非常有用的动画工具之一。通过将一个对象与另一个对象相链接,可以创建父子关系。应用于父对象的变换会同时传递给子对象。

1. 父对象和子对象

如果把 A 对象链接到 B 对象上,那么,B 对象就是父对象,而 A 对象则是子对象。一个子对象只能有一个父对象,而一个父对象却可以有多个子对象。子对象将继承父对象的运动。

建立链接的方法如下。

(1) 在工具栏上单击"选择并链接"按钮 。

(2) 选择一个或多个对象作为子对象,然后将链接光标从所选对象处拖到单个父对象上,选定对象即可成为父对象的子对象。

在两个对象之间建立了链接关系后,如果想取消这种链接关系,可以按以下操作进行:

(1) 选择要取消链接关系的子对象。

(2) 单击工具栏中的 按钮即可。

2. 层次

一个子对象同时也可以是另一个对象的父对象,即可以把 A 对象链接到 B 对象上,再把 C 对象链接到 A 对象上。这种呈树状结构的多层链接关系,就称为层次。单击命令面板上方的 按钮,即可在层次面板中进行有关层次的操作。

3. 正向运动学

建立了两个对象之间的链接关系之后,首先设置父对象运动的动画,然后再设置子对象运动的动画,这样子对象在继承父对象运动的过程中,也保持着自身的运动。这种动画就称为正向运动的动画。

8.3.2 案例制作:行驶的小车

【案例内容】

制作一辆卡通小车行驶的动画,具体效果请参见本书配套资源"案例文档"文件夹中的文件"案例 18.max"和"案例 18.avi",其静态渲染图如图 8-14 所示。

图 8-14 行驶的小车

【案例要点】

(1) 建立链接。
(2) 使用正向运动学设置动画。

【制作思路】

将车轮链接到车身上，然后分别设置车身的移动动画和车轮的旋转动画。车轮随车身向前移动的同时，保持自身的旋转动作。

【操作步骤】

1. 建立链接

(1) 启动 3ds Max 2014 之后，打开本书配套资源"场景"文件夹中的文件"场景8-3.max"。该文件场景中提供了一辆卡通小车。

(2) 将车轮链接到车身。单击工具栏中的 按钮，再在前视图中将光标移到轮子处，按住鼠标左键后朝"车身"处拖动鼠标，将代表链接的虚线拖到"车身"上，如图 8-15 所示。单击鼠标左键后，即完成了链接操作。

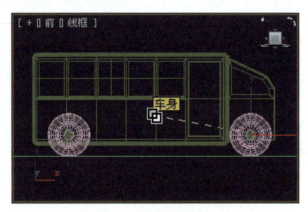

图 8-15　将轮子链接到车身上

(3) 用相同的方法，分别将另外三个轮子链接到车身上。

2. 制作动画

(1) 单击"自动关键点"按钮，开始动画的录制。

(2) 向右拖动时间滑块到第 100 帧的位置，然后单击工具栏中的 按钮，在前视图中单击选择"车身"后，沿着 X 轴向右拖动"车身"，使小车驶出 Camera001 视图。可以看出，当"车身"向右移动时，车轮也随之移动。

(3) 单击工具栏中的 按钮，再单击工具栏中的 按钮打开角度捕捉。然后在前视图中，将轮子绕 Z 轴沿顺时针方向旋转-900°。

(4) 用相同的方法，在第 100 帧的位置，在前视图中将另外三个轮子绕 Z 轴沿顺时针方向旋转-900°。

(5) 再次单击"自动关键点"按钮，结束动画的录制。

(6) 单击动画控制区中的 按钮，从 Camera001 视图中观察动画效果。

(7) 激活 Camera001 视图后，单击工具栏中的 ![按钮] 按钮，设置并渲染动画。最后选择"渲染/查看图像文件"菜单命令，播放动画文件。

8.4 案例 19：场景漫游——路径约束

8.4.1 动画控制器

场景漫游

1. 添加动画控制器

3ds Max 提供了一系列动画控制器来处理各类动画任务，很多动画设置都可以通过控制器来完成，利用动画控制器可以设置出很多应用关键帧的方法很难实现的动画效果。

为对象添加动画控制器的方法如下。

(1) 选择一个要应用控制器的对象。

(2) 单击命令面板上方的 ![按钮] 按钮，打开"运动"面板。

(3) 在命令面板中展开图 8-16 所示的"指定控制器"卷展栏。在"变换"下面选择要应用控制器的选项，包括位置、旋转、缩放。

(4) 在"指定控制器"卷展栏中，单击左上角的"指定控制器"按钮 ![按钮]，弹出指定控制器对话框。在其中选择需要的控制器后，单击"确定"按钮即可。

2. 路径约束控制器

路径约束控制器是常用的动画控制器之一，其作用是将一个对象约束在一条指定的样条线路径上产生位移。路径约束控制器的典型应用是制作摄影机在场景中游历的动画。在下面的案例中，将详细介绍路径约束控制器的使用方法。

图 8-16 "指定控制器"卷展栏

8.4.2 案例制作：场景漫游

【案例内容】

场景漫游是动画片中的经典镜头。对摄影机添加路径约束控制器，就可以轻松制作出场景漫游动画。本案例要求在一个户外场景中制作漫游动画，具体效果请参见本书配套资源"案例文档"文件夹中的文件"案例 19.max"和"案例 19.avi"，其静态渲染图如图 8-17 所示。

图 8-17 场景漫游

【案例要点】

(1) 给对象添加动画控制器。

(2) 路径约束控制器的常用参数。

【制作思路】

(1) 在场景中绘制一条样条线作为漫游的路径。

(2) 创建一个自由摄影机,并对该摄影机添加路径约束控制器,将绘制的样条线作为摄影机的运动路径。

【操作步骤】

1. 创建自由摄影机

(1) 启动 3ds Max 2014 后,打开本书配套资源"场景"文件夹中的文件"场景 8-4.max"。该文件提供了一个小型的户外场景。

(2) 创建自由摄影机。打开"创建/摄影机"命令面板,使用其中的"自由"命令,在左视图中创建一个自由摄影机。

(3) 单击透视图使之成为当前视图,再按 C 键将它切换成摄影机视图。

2. 绘制自由摄影机的路径

(1) 绘制路径。打开"创建/图形"命令面板,使用其中的"线"命令,参照图 8-18,在顶视图中沿着场景里的景致绘制摄影机的行进路径。

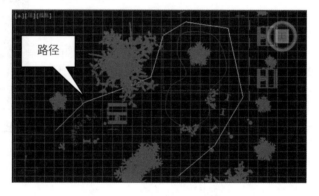

图 8-18　摄影机的行进路径

(2) 编辑路径。选择绘制的样条线,打开"修改"命令面板,进入"顶点"编辑层级。将样条线的顶点设置为"平滑",如图 8-19 所示。

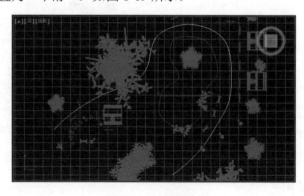

图 8-19　编辑路径

3. 为摄影机添加路径约束控制器

(1) 设置动画时间。单击动画控制区中的 ![] 按钮，打开"时间配置"对话框。在对话框中，将"长度"设置为 500。

(2) 添加路径约束控制器。在视图中选择自由摄影机，然后单击命令面板上方的 ![] 按钮，打开"运动"面板。在其中展开"指定控制器"卷展栏，选择其中的"位置"，然后单击卷展栏左上方的 ![] 按钮，弹出图 8-20 所示的"指定位置控制器"对话框，选择"路径约束"，并单击"确定"按钮。

(3) 在"运动"命令面板的"路径参数"卷展栏中，单击"添加路径"按钮，再在视图中单击选择刚才绘制的样条线，使它成为摄影机的运动路径。

(4) 在命令面板的"路径参数"卷展栏中，勾选"跟随"复选框。

(5) 调整路径的高度。从摄影机视图可以看出摄影机的位置较低，这是因为创建的路径样条线是紧贴在地面上的。在顶视图中选择作为路径的样条线，然后在前视图或左视图中将样条线沿 Y 轴适当上移，同时注意观察摄影机视图的变化，如图 8-21 所示。

图 8-20 "指定位置控制器"对话框

图 8-21 调整路径高度前后摄影机视图的对比

(6) 单击动画控制区中的 ![] 按钮，从 Camera001 视图中观察动画效果。

(7) 激活 Camera001 视图后，单击工具栏中的 ![] 按钮，设置并渲染动画。最后选择"渲染/查看图像文件"菜单命令，播放动画文件。

8.4.3 知识拓展：路径约束控制器的参数

给对象指定了运动路径之后，可在"运动"命令面板的"路径参数"卷展栏中设置有关的参数，如图 8-22 所示。

"路径参数"卷展栏的主要参数如下。

- %沿路径：指定对象沿着路径运动的百分比。

给对象指定了一个运动路径之后，系统将把当前动画范围的起始帧和终止帧设置为两个关键帧。其中，起始帧记录了对象在路径起点的状态，在起始帧处，"%沿路径"值为 0；终止帧则记录了对象在路径终点的状态，在终止帧处，"%沿路径"值为 100。如果在当前动画范围内，只需要对象从路径的起点移到路径的中间某个位置，则应在当前动画范围的终止帧处，将"%沿路径"的值设置为 0 到 100 之间的值。

- 跟随：设置对象的某个局部坐标系与运动的轨迹线相切。

与轨迹线相切的默认轴是 X 轴，可以在"路径参数"卷展栏底部的"轴"栏中，设置与运动轨迹线相切的轴向。跟随是一个非常有用的选项，它可以使对象沿着路径运动时，自动根据路径曲线的变化而调整自己的方向。

- 倾斜：使对象局部坐标系的 Z 轴朝向轨迹曲线的中心。

图 8-22 "路径参数"卷展栏

在弯道上骑摩托车时，摩托车会朝弯道内侧倾斜。利用"倾斜"选项，就可以产生这种对象在转弯处倾斜的效果。

只有选择了"跟随"选项后才能选择"倾斜"选项。对象倾斜的程度可由"倾斜量"参数设置，该参数值越大，对象就倾斜得越厉害。

- 删除路径：取消已经指定给对象的运动路径。在视图中选择指定了运动路径的对象，然后在运动命令面板的"路径参数"卷展栏中，单击"删除路径"按钮即可。

8.5 实 操 训 练

8.5.1 飞机飞过波光粼粼的海面

【实训内容】

参照本书配套资源"实操训练"文件夹中的文件"实训 8-1.avi"，制作飞机飞过波光粼粼的海面的动画，其静态渲染图如图 8-23 所示。

【实训重点】

(1) 水波动画的设置方法。
(2) 路径动画的制作方法。

图 8-23 飞机飞过波光粼粼的海面

【操作提示】

(1) 启动 3ds Max 2014 后，打开本书配套资源文件"场景\场景 8-5.max"，该文件提供了一个海岸场景，以及一个简易的飞机模型。

(2) 设置动画时间。单击动画控制区中的 按钮，打开"时间配置"对话框。在对话框中，将"长度"设置为300。

(3) 设置水面动画。在视图中选择水面模型，打开"修改"命令面板，在"参数"卷展栏中，勾选"动画噪波"复选框，将"频率"值改为0.1，如图8-24所示。最后在轨迹栏上把第100帧处的黑色关键点移到第300帧的位置。

(4) 绘制飞机的运动路径。打开"创建/图形"命令面板，使用"线"命令，在顶视图中绘制飞机的飞行轨迹线，如图8-25所示。

(5) 在前视图中将飞行轨迹线适当上移，并通过在前视图或左视图中调整顶点高低位置的方法，使轨迹线呈现出一定的起伏效果，如图8-26所示。

(6) 对飞机模型应用路径约束。在视图中选择飞机，然后单击命令面板上方的 按钮，打开"运动"面板。在其中展开"指定控制器"卷展栏，选择其中的"位置"选项，然后单击卷展栏左上方的 按钮，在弹出的"指定位置控制器"对话框中，选择"路径约束"，并单击"确定"按钮。

图 8-24 "参数"卷展栏

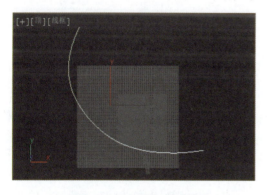

图 8-25 飞机的飞行路径

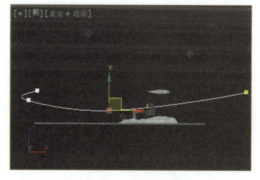

图 8-26 调整飞行路径

(7) 在"运动"命令面板的"路径参数"卷展栏中，单击"添加路径"按钮，再在视图中单击选择刚才绘制的样条线，使它成为飞机的运动路径。在命令面板的"路径参数"卷展栏中，勾选"跟随"复选框。

(8) 在顶视图中旋转飞机，使机头朝着前进的方向。

(9) 激活 Camera001 视图后，单击工具栏中的 按钮，设置并渲染动画。最后选择"渲染/查看图像文件"菜单命令，播放动画文件。

8.5.2 户外场景的动画

【实训内容】

利用本章学习的动画制作知识，参照本书配套资源"实操训练"文件夹中的文件"实训 8-2.avi"，在一个户外场景中制作多种动画效果，包括摆动的风铃和秋千、推拉摄影机镜头。其静态渲染图如图 8-27 所示。

图 8-27　户外场景的动画

【实训重点】

(1) 使用自动关键点模式制作动画。

(2) 动画的渲染设置。

【操作提示】

(1) 启动 3ds Max 2014 后，打开本书配套资源的文件"场景\场景 8-6.max"，该文件提供了一个卡通室外场景。将动画总长度设置为 300。

(2) 使用案例 17 中介绍的方法，制作两个风铃摆动的动画。在"轨迹视图-曲线编辑器"窗口中，选择"编辑/控制器/超出范围类型"菜单命令，打开"参数曲线超出范围类型"对话框，选择其中的"相对重复"选项，分别设置风铃绳、风铃罩和鱼形吊坠在整个动画时间内的重复动作。

(3) 设置秋千的动画。将秋千的两条链子和秋千座打组，再调整其轴心至链子与秋千架的连接处。进入自动关键点模式，参照图 8-28，使用 按钮在左视图中旋转秋千，分别设置秋千在第 0 帧和第 50 帧时的荡起状态。最后在"轨迹视图-曲线编辑器"窗口的"参数曲线超出范围类型"对话框中，设置秋千在整个动画时间内的重复动作。

第 0 帧处的秋千状态

第 50 帧处的秋千状态

图 8-28　秋千的动作

(4) 设置摄影机的动画。进入自动关键点模式,在第 300 帧的位置,单击 Camera001 视图,再单击屏幕右下角的"推拉摄影机"按钮 ,在 Camera001 视图中将镜头拉近,如图 8-29 所示。

图 8-29　第 300 帧处的拍摄镜头

(5) 单击动画控制区中的 按钮,从 Camera001 视图中观察动画。

(6) 激活 Camera001 视图后,单击工具栏中的 按钮,设置并渲染动画。最后选择"渲染/查看图像文件"菜单命令,播放动画文件。

第 9 章 粒子系统和空间扭曲

【本章导读】

3ds Max 2014 提供了功能强大的粒子系统，使用粒子系统可以非常方便地创建雨、雪、烟、火花、瀑布、喷泉等动画效果。

空间扭曲可以通过空间作用对其他物体施加某种特定的影响。空间扭曲作用于粒子系统，可以制作出动态的水流、烟雾等效果。

本章重点介绍利用 3ds Max 2014 提供的粒子系统及空间扭曲，来制作雨、礼花、落叶等一些典型的动画特效。

【内容要点】

1. 粒子系统的特点及创建粒子系统的一般方法。
2. 喷射粒子系统的应用。
3. 超级喷射粒子系统的应用。
4. 空间扭曲的应用。

9.1 案例 20：雨景——使用喷射粒子

雨景

9.1.1 粒子系统

粒子系统是 3ds Max 提供的特效工具，它可以控制密集对象群的动画效果，例如，创建暴风雪、水流或爆炸等。粒子系统本身提供了一些简单的粒子形状，也可将场景中的任何几何体定义为粒子形状。粒子系统还能像普通几何体一样被赋予材质。

在"创建/几何体"命令面板的下拉列表中，选择"粒子系统"，即可进入创建粒子系统的命令面板，其中提供了 7 种粒子，如图 9-1 所示。

(1) 粒子流源。是一种功能较强的粒子系统，可以制作多种粒子动画效果。

(2) 喷射。是最基本、最简单的粒子系统之一，主要用来制作下雨、瀑布等效果。

图 9-1 创建粒子系统的命令面板

(3) 雪。是最基本、最简单的粒子系统之一，主要用来制作下雪效果。

(4) 超级喷射。从一个点向外发射粒子流。可以使用场景中的几何体来作为粒子形状。

(5) 暴风雪。同样用于模拟雪景，但比雪粒子系统功能强大。

(6) 粒子阵列。可以选择从某一物体发射粒子，粒子分布多样。

(7) 粒子云。可以在一个限定空间内产生粒子，粒子可以是场景中任何可渲染的对象。

应用粒子云可以创建一群鸟、一个星空等效果。

9.1.2 案例制作：雨景

【案例内容】

使用喷射粒子制作下雨的动画效果，并用一幅河岸图片作为动画背景。具体效果请参见本书配套资源"案例文档"文件夹中的文件"案例 20.max"和"案例 20.avi"，其静态渲染图如图 9-2 所示。

【案例要点】

(1) 创建喷射粒子的方法。
(2) 喷射粒子的常用参数。

【制作思路】

(1) 创建喷射粒子发射器，通过粒子参数的设置来模拟下雨的动画。

图 9-2 雨景

(2) 用一幅河岸图片作为动画背景，以烘托整个雨景的氛围。

【操作步骤】

1. 制作下雨的动画

(1) 打开"创建/几何体"命令面板，在下拉列表中选择"粒子系统"。
(2) 在"对象类型"卷展栏中，使用"喷射"命令，在顶视图中拖动鼠标创建一个喷射粒子发射器，在前视图中，将粒子发射器移到视图上方，如图 9-3 所示。

图 9-3 喷射粒子发射器

(3) 预览动画。激活透视图，再单击动画控制区中的 ▶ 按钮预览动画效果。
(4) 设置粒子参数。选择粒子发射器后，在"修改"面板的"参数"卷展栏中，设置

"视口计数"和"渲染计数"均为1500,设置"水滴大小"为10.0,"变化"为0.5。在"计时"栏中,设置"开始"为-50,"寿命"为50。在"发射器"栏中,设置"宽度"和"长度"均为300.0,其他参数如图9-4所示。

2. 设置雨滴材质

(1) 按 M 键打开材质编辑器。将一个示例球材质指定给粒子发射器。在"Blinn 基本参数"卷展栏中,设置雨滴材质的"漫反射"颜色为白色,设置"高光级别"为80,"光泽度"为50。

(2) 在"扩展参数"卷展栏中,设置"衰减"为"内"方式,"数量"为60,设置"类型"为"相加"。渲染透视图,结果如图9-5所示。

3. 设置背景图片

(1) 选择"渲染/环境"菜单命令,在打开的"环境和效果"对话框的"背景"栏中,单击"无"按钮。

(2) 在弹出的"材质/贴图浏览器"对话框中,双击"位图",然后在弹出的对话框中选择一幅河岸的图片(本书配套资源"案例素材"文件夹中的"河岸.jpg"文件)作为动画的背景。

图 9-4 设置喷射粒子的参数

图 9-5 雨滴的材质效果

4. 渲染动画

(1) 单击工具栏中的 按钮或按快捷键 F10,弹出"渲染场景"对话框。在其中的"时间输出"栏中,选择"活动时间段"选项,再在"渲染输出"栏中,单击"文件"按钮,将输出的动画文件设置为"案例 20.avi",最后单击对话框底部的"渲染"按钮,逐帧渲染动画。

(2) 观看动画文件的效果。选择"渲染/查看图像文件"菜单命令,在弹出的对话框中选择刚才生成的动画文件"案例 20.avi",再单击"打开"按钮,即可观看到下雨的动画效果。

9.1.3 知识拓展1：喷射粒子的主要参数

喷射粒子系统主要用于模拟雨、喷水、水流等效果，其参数如图9-6所示。

- 粒子：用于设置粒子的数量、大小、速度等。
① 视口计数：设置视图中粒子的显示数量。
② 渲染计数：设置渲染时显示的粒子数量。
③ 水滴大小：设置水滴的尺寸大小。
④ 速度：每个粒子离开发射器时的初始速度。粒子以此速度运动，除非受到粒子系统空间扭曲的影响。
⑤ 变化：改变粒子的初始速度和方向。该参数值越大，喷射越强并且范围越广。
⑥ 水滴、圆点、十字叉：设置粒子在视图中的显示方式。此项设置不影响粒子的渲染方式。
- 渲染：用于设置渲染时粒子的形状。喷射粒子有两种渲染方式：四面体和面。
- 计时：控制粒子的出生和消亡速率。

图9-6 喷射粒子系统的参数

① 开始：设置发射器从第几帧开始发射粒子。其值可以是包括负值在内的任何帧值，默认值为0。
② 寿命：设置粒子的生命周期(以帧为单位计数)。
③ 出生速率：每一帧发射的粒子数量。如果此设置小于或等于最大可持续速率，那么粒子系统将生成均匀的粒子流。如果此设置大于最大速率，则粒子系统将生成突发的粒子。
④ 恒定：启用该选项后，"出生速率"不可用，这时所用的出生速率等于最大可持续速率。禁用该选项后，"出生速率"可用。默认设置为启用状态。
- 发射器：设置粒子发射器的大小。
① 宽度和长度：设置粒子发射器的宽度和长度。
② 隐藏：勾选该复选框后，粒子发射器将不在视图中显示出来。

提示：粒子发射器是不能被渲染的。

9.1.4 知识拓展2：雪粒子的主要参数

雪粒子系统主要用于模拟降雪或投撒的纸屑动画，图9-7所示是使用雪粒子系统制作的飘雪场景。雪粒子与喷射粒子类似，但是雪粒子系统提供了其他参数来生成翻滚的雪花，渲染选项也有所不同。

雪粒子的参数如图9-8所示。

图 9-7　飘雪场景　　　　　　　　　　图 9-8　雪粒子的参数

雪粒子系统和喷射粒子系统的主要参数基本相同，下面仅介绍雪粒子系统特有的参数。
- 粒子：用于设置粒子的数量、大小、速度等。
① 雪花大小：设置生成的雪花粒子的大小。
② 翻滚：设置雪花粒子的随机旋转量。此参数可以在 0～1。设置为 0 时，雪花不旋转；设置为 1 时，雪花旋转最多。每个粒子的旋转轴随机生成。
③ 翻滚速率：设置雪花的旋转速度。
④ 雪花、圆点、十字叉：设置粒子在视图中的显示方式。此项设置不影响粒子的渲染方式。
- 渲染：用于设置渲染时粒子的形状。可设置为六角形、三角形或面。

9.2　案例 21：喷泉——使用超级喷射粒子和重力空间扭曲

9.2.1　超级喷射粒子的主要参数

超级喷射粒子系统从一个点向外发射粒子流。与喷射粒子系统相比，超级喷射粒子系统的功能更加强大，其参数设置也更加复杂。

1．"基本参数"卷展栏

超级喷射粒子系统的"基本参数"卷展栏如图 9-9 所示。
- 轴偏离和扩散："轴偏离"参数用于设置粒子流与发射中心 Z 轴之间的偏离角度，以产生斜向的喷射效果。其下的"扩散"参数用于设置粒子的扩散范围。

图 9-9　超级喷射粒子系统的
　　　　　"基本参数"卷展栏

- 平面偏离和扩散："平面偏离"参数用于设置粒子流在发射器平面上的偏离角度(如果"轴偏离"设置为 0，则此项设置无效)。其下的"扩散"参数用于设置粒子在发射器平面上发射后散开的角度，可产生空间喷射的效果。

2. "粒子生成"卷展栏

超级喷射粒子系统的"粒子生成"卷展栏用于设置粒子产生的时间和速度、粒子的移动方式以及不同时间粒子的大小，如图 9-10 所示。

- 粒子数量：设置粒子数量的确定方法。
① 使用速率：指定每帧发射的固定粒子数。使用微调器可以设置每帧产生的粒子数。通常"使用速率"适用于连续的粒子流。
② 使用总数：指定在粒子系统寿命内产生的总粒子数。通常"使用总数"适用于短期内突发的粒子流。
- 粒子运动：控制粒子的发射速度。
① 速度：指定粒子的发射速度。
② 变化：设置每一个粒子发射时速度的变化量。
- 粒子计时：指定粒子发射开始和停止的时间，以及各个粒子的寿命。
① 发射开始：设置粒子开始在场景中出现时所在的帧。
② 发射停止：设置粒子停止发射时所在的帧。
③ 显示时限：设置所有粒子消失的帧。
④ 寿命：设置粒子诞生后的生存时间(以帧数计)。
- 粒子大小：用于调整粒子的大小。
① 大小：设置粒子的大小。
② 增长耗时：设置粒子从很小增长到"大小"参数设置的值所经历的帧数。
③ 衰减耗时：设置粒子在消亡之前缩小到"大小"参数值的 1/10 所经历的帧数。

图 9-10 超级喷射粒子系统的"粒子生成"卷展栏

3. "粒子类型"卷展栏

"粒子类型"卷展栏用于设置粒子类型，以及对粒子执行的贴图的类型，如图 9-11 所示。

- 粒子类型：可在此参数栏中设置粒子为标准粒子、变形球粒子或实例几何体粒子。启用每一个粒子类型后，其后相应的参数设置将被激活。
- 标准粒子：在"粒子类型"中选中"标准粒子"单选按钮后，此参数栏被激活。其中提供了 8 种不同的标准粒

图 9-11 超级喷射粒子系统的"粒子类型"卷展栏

子类型。
- 变形球粒子参数：在"粒子类型"中选中"变形球粒子"单选按钮后，此参数栏被激活。变形球粒子是一种可以黏在一起的粒子，可用于制作流动的液体效果。
- 实例参数：在"粒子类型"中选中"实例几何体"单选按钮后，此参数栏被激活。单击其中的"拾取对象"按钮，可在视图中选择要作为粒子使用的对象。

9.2.2 案例制作：喷泉

【案例内容】

本案例使用超级喷射粒子系统和重力空间扭曲制作水池喷泉的动画，具体效果请参见本书配套资源"案例文档"文件夹中的文件"案例 21.max"和"案例 21.avi"，其静态渲染图如图 9-12 所示。

图 9-12　水池喷泉

【案例要点】

(1) 超级喷射粒子系统的应用。
(2) 重力空间扭曲的使用方法。

【制作思路】

(1) 由下往上喷射的喷泉由超级喷射粒子模拟。
(2) 喷泉在高处往下落的效果通过重力空间扭曲实现。

【操作步骤】

1．创建超级喷射粒子

(1) 启动 3ds Max 2014 之后，打开本书配套资源"场景"文件夹中的文件"场景 9-1.max"，其中提供了一个水池的场景。

(2) 创建超级喷射粒子。在"创建/几何体"命令面板的下拉列表中，选择"粒子系统"。在"对象类型"卷展栏中，单击"超级喷射"按钮，然后在顶视图中拖动鼠标创建一个超级喷射粒子发射器。

(3) 单击工具栏中的 按钮，将粒子发射器的轴心与水池中间的喷头对齐，结果如图 9-13 所示。

2．设置超级喷射粒子的参数

(1) 激活透视图，单击动画控制区中的 ▶ 按钮预览动画效果。这时，可以看到粒子呈线形喷射，且粒子的数量很少，如图 9-14 所示。

(2) 设置粒子参数。确认超级喷射粒子被选择，打开"修改"命令面板。在"基本参数"卷展栏的"粒子分布"栏中，将"轴偏离"下面的"扩散"设置为 30，再将"平面偏离"下面的"扩散"设置为 180。单击动画控制区中的 ▶ 按钮预览动画效果，可以看到粒子呈锥形分散状态喷射。

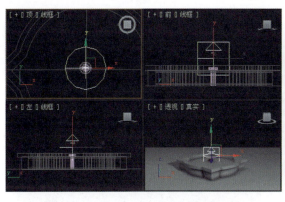
图 9-13　调整超级喷射粒子发射器的位置

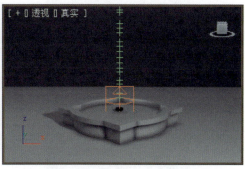
图 9-14　超级喷射粒子的初始喷射状态

（3）设置粒子数量。在"基本参数"卷展栏的"视口显示"栏中，将"粒子数百分比"的值从原来的 10 设置为 100，这时视图中的粒子数量变多了。在"粒子生成"卷展栏的"粒子数量"栏中，设置"使用速率"为 200，效果如图 9-15 所示。

（4）在"粒子生成"卷展栏的"粒子计时"栏中，设置"发射开始"为-30，"发射停止"为 100。在"粒子大小"栏中，设置"大小"为 15。

（5）渲染透视图，结果如图 9-16 所示。

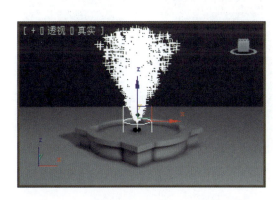
图 9-15　调整粒子数量后粒子的喷射状态

图 9-16　粒子的初始渲染效果

3．为粒子施加重力作用

（1）在"创建"命令面板中，单击上方的 ![] 按钮进入"空间扭曲"面板。确认其下拉列表中为"力"选项，如图 9-17 所示。

（2）在"对象类型"卷展栏中，单击"重力"按钮，然后在顶视图中拖动鼠标创建一个重力空间扭曲图标。

（3）将重力图标与超级喷射粒子绑定在一起。确认重力图标被选择，单击工具栏中的 ![] 按钮后，在顶视图中将光标移到重力图标处，再按住鼠标左键，朝粒子发射器拖动鼠标，当连接的虚线拖到粒子发射器上后，释放鼠标左键，这样就把重力空间扭曲与超级喷射粒子绑定在了一起。这时粒子的喷射状态如图 9-18 所示。

可以看出，绑定重力空间扭曲后，粒子喷射的高度太低。下面通过调整粒子的相关参数来改变喷泉的喷射高度。

图9-17 "创建/空间扭曲"命令面板

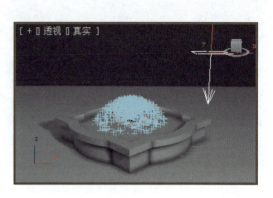

图9-18 施加重力影响后粒子的喷射状态

(4) 选择超级喷射粒子，在"修改"命令面板的"粒子生成"卷展栏中，将"速度"增大至50。这时粒子的喷射高度增加了，如图9-19所示。

(5) 进一步调整粒子的扩散角度。在"基本参数"卷展栏的"粒子分布"栏中，将"轴偏离"下面的"扩散"值由原来的30修改为10，效果如图9-20所示。

图9-19 增大"速度"值后粒子喷射状态的变化   图9-20 减小粒子的扩散角度后粒子的喷射状态

4. 设置喷泉材质

(1) 按M键打开材质编辑器。将一个未使用的示例球材质指定给粒子发射器。在"Blinn 基本参数"卷展栏中，设置雨滴材质的"漫反射"颜色为白色，设置"高光级别"为80，"光泽度"为50。

(2) 在"扩展参数"卷展栏中，设置"衰减"为"内"方式，"数量"为30，设置"类型"为"相加"。渲染透视图，结果如图9-21所示。

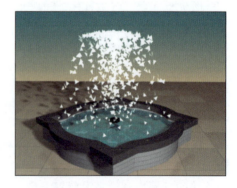

图9-21 设置粒子材质后的效果

5. 设置运动模糊效果

从渲染图中可以看出,作为喷泉的粒子都非常清晰。为了增加真实感,下面为粒子系统设置运动模糊效果。

(1) 创建目标摄影机。打开"创建/摄影机"命令面板,单击"目标"按钮,在顶视图中创建一个目标摄影机,并将透视图切换为摄影机视图。参照图 9-22,调整摄影机的位置和角度。

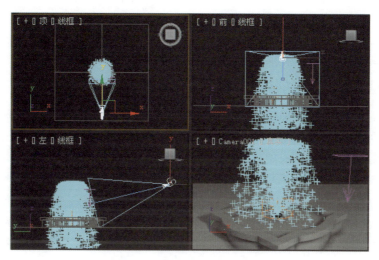

图 9-22 调整摄影机的位置和角度

(2) 启用摄影机的运动模糊特效。确认摄影机被选择,打开"修改"命令面板,在"参数"卷展栏的"多过程效果"栏中,勾选"启用"复选框,并在其下拉列表中选择"运动模糊"选项。

(3) 渲染摄影机视图,可以看到粒子具有了运动模糊效果,如图 9-23 所示。

图 9-23 增加了运动模糊效果后粒子的喷射状态

6. 渲染动画

激活摄影机视图后,单击工具栏中的 按钮渲染动画。最后,再使用"渲染/查看图像文件"菜单命令,播放动画文件。

9.2.3 知识拓展：空间扭曲

空间扭曲是一种特殊的辅助建模工具。空间扭曲对象本身不可渲染，但能够使其他对象发生变形，产生爆炸、水波、风吹、流水等空间效果。

在"创建"命令面板中，单击面板上方的 ≋ 按钮即可进入空间扭曲创建面板。3ds Max 2014 提供了 6 种类型的空间扭曲，如图 9-24 所示。其中，力空间扭曲通常与粒子系统绑定使用，用于表现粒子系统受到重力、风力、推力等外力作用的效果。"几何/可变形"空间扭曲用于对几何体进行空间变形。"基于修改器"空间扭曲的效果则类似于编辑修改器，不同之处是基于修改器空间扭曲对象可作用于整个场景中的所有几何体。

1. 应用空间扭曲的一般步骤

（1）创建要应用空间扭曲的对象，它们可以是粒子系统，也可以是几何体。

（2）创建空间扭曲对象。在"创建"命令面板中，单击面板上方的 ≋ 按钮进入空间扭曲面板，然后在其下拉列表中选择需要的空间扭曲类型。

（3）在"对象类型"卷展栏中，单击一个空间扭曲按钮后，在视图中拖动鼠标创建一个空间扭曲对象。

（4）将空间扭曲对象与要扭曲的其他对象绑定在一起。单击工具栏中的"绑定到空间扭曲"按钮 ≋ 后，在视图中选择空间扭曲对象，然后拖动鼠标到要扭曲的对象上，最后释放鼠标即可。

（5）调整空间扭曲对象的参数，或是调整空间扭曲对象与捆绑对象之间的相对位置。

2. 力空间扭曲

下面重点介绍用于粒子系统的力空间扭曲。

力空间扭曲可以改变粒子系统中粒子的喷射或洒落方向。有 9 种类型的力空间扭曲，如图 9-25 所示。

图 9-24　6 种空间扭曲

图 9-25　力空间扭曲

1）推力空间扭曲

推力空间扭曲作用于粒子系统时，可产生一种大小和方向统一的推力，如图 9-26 所示。

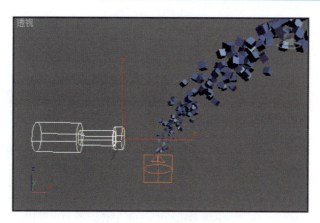

图 9-26 推力空间扭曲效果

推力空间扭曲的参数如图 9-27 所示。
- 开始时间和结束时间：设置空间扭曲效果开始和结束时所在的帧编号。
- 强度控制：设置空间扭曲施加的力量及单位。
- 周期变化：通过随机地影响"基本力"的值使力发生变化。
- 粒子效果范围：设置粒子受推力效果影响的范围。

2）马达空间扭曲

马达空间扭曲产生一种旋转的推力影响粒子系统，如图 9-28 所示。马达图标的位置和方向都会对围绕其旋转的粒子产生影响。其参数大多数与推力空间扭曲相同。

图 9-27 推力空间扭曲的参数

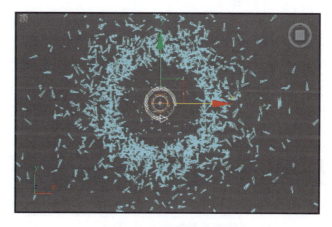

图 9-28 马达空间扭曲效果

3) 漩涡空间扭曲

漩涡空间扭曲产生一种扭转的力作用于粒子系统,使其形成一个漩涡,可以模拟自然界的龙卷风、漩涡等效果,如图9-29所示。

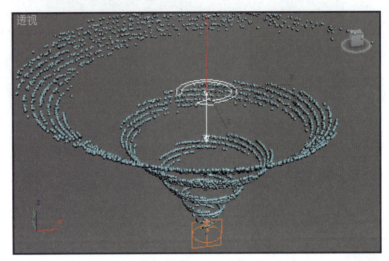

图9-29　漩涡空间扭曲的效果

漩涡空间扭曲的参数如图9-30所示。

- 锥化长度:控制漩涡的长度。较小的值产生较紧的漩涡,而较大的值则产生较松的漩涡。默认设置为100。
- 锥化曲线:控制漩涡的外形。较小的值创建的漩涡开口比较宽大,而较大的值创建的漩涡的边几乎呈垂直状。其取值范围为1～4。
- 轴向下拉:指定粒子沿下拉轴方向移动的速度。
- 范围:以系统单位数表示的距漩涡图标中心的距离,该距离内的轴向阻尼为全效阻尼。该参数只有在禁用了"无限范围"选项时才生效。
- 衰减:指定在"范围"外应用轴向阻尼的距离。
- 阻尼:定义阻尼的大小。
- 轨道速度:指定粒子旋转的速度。
- 径向拉力:指定粒子开始旋转时距下拉轴的距离。
- 顺时针/逆时针:指定粒子是顺时针旋转,还是逆时针旋转。

4) 阻力空间扭曲

阻力空间扭曲对粒子运动产生一种阻力,使粒子在指定的范围内以指定的量减慢运动速度。阻力空间扭曲对象有线性、球形和柱形3种形状。图9-31所示显示了使用球形阻力空间扭曲后超级喷射粒子的喷射状态。

阻力空间扭曲的参数如图9-32所示。

图9-30　漩涡空间扭曲的参数

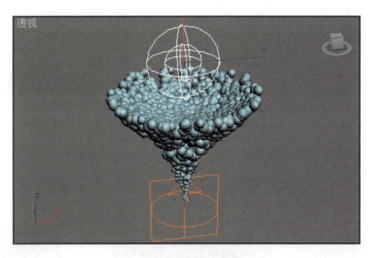

图 9-31　阻力空间扭曲效果

图 9-32　阻力空间扭曲的参数

- 线性阻尼：各个粒子的运动被分离到空间扭曲的局部 X、Y 和 Z 轴向量中。在其上对各个向量施加阻尼的区域是一个无限的平面，其厚度由相应的"范围"值决定。
- 球形阻尼：该模式下其图标是一个球体。粒子运动被分解到径向和切向向量中。阻尼应用于球形体积内的各个向量。
- 柱形阻尼：该模式下其图标是一个圆柱体。粒子运动被分解到径向、切向和轴向向量中。

5) 粒子爆炸空间扭曲

粒子爆炸空间扭曲创建一种使粒子系统爆炸的冲击波，如图 9-33 所示。粒子爆炸空间扭曲的参数如图 9-34 所示。

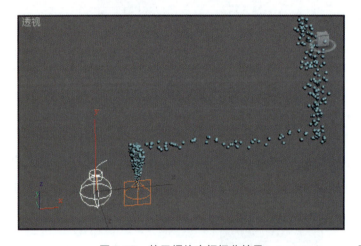 

图 9-33　粒子爆炸空间扭曲效果　　　　图 9-34　粒子爆炸空间扭曲的参数

- 爆炸对称：指定爆炸效果的形状。
① 球形：爆炸力从爆炸图标向外朝所有方向辐射。其图标形似一个球形炸弹。
② 柱形：爆炸力垂直于中心轴向外辐射。其图标形似一个带引线的炸药棒。
③ 平面：爆炸力垂直于平面图标所在的平面朝上方和下方辐射。其图标形似一个带箭头的平面。
④ 混乱度：爆炸力针对各个粒子或各个帧而变化。该设置仅在"持续时间"设置为 0 时有效。
- 爆炸参数：设置爆炸的开始时间及持续时间，以及爆炸强度和范围。

6) 路径跟随空间扭曲

路径跟随空间扭曲对象可以使粒子系统沿着指定的路径运动，如图 9-35 所示。路径跟随空间扭曲的参数如图 9-36 所示。

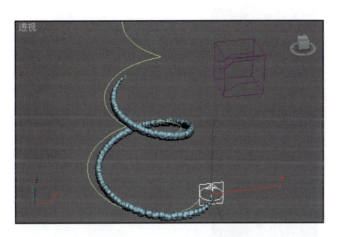

图9-35 路径跟随空间扭曲效果　　　　图9-36 路径跟随空间扭曲的参数

- 拾取图形对象：单击该按钮后，可在视图中单击选择一个样条线作为粒子的运动路径。
- 运动计时：设置粒子受路径跟随影响的时间长短。
- 沿偏移样条线：如果粒子的发射点位于样条线的第一个顶点处，则粒子会沿样条线路径运动。如果把路径向背离粒子系统的方向移动，则粒子会受此偏移的影响。
- 沿平行样条线：粒子沿着一条平行于粒子系统的指定路径运动。在该模式中，路径相对于粒子系统的位置是无关紧要的。
- 恒定速度：启用该选项时，所有粒子都以相同的速度移动。
- 粒子流锥化：使粒子随时间以路径为中心全部会聚或发散，或者部分会聚或发散。通过选择"会聚""发散"或"二者"可以设置效果，从而在路径长度上产生一种锥化效果。

7）置换空间扭曲

置换空间扭曲可对粒子系统和任何可变形几何体进行位置转换的空间扭曲，并应用位图的灰度生成位移量，如图9-37所示。置换空间扭曲的参数如图9-38所示。

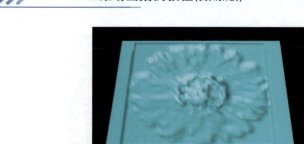

图 9-37 置换空间扭曲效果

图 9-38 置换空间扭曲的参数

- 置换:该参数栏提供置换空间扭曲的基本控制参数。
① 强度:设置置换空间扭曲的强度。
② 衰退:该参数值为 0 时,置换空间扭曲在整个世界空间内有相同的强度。增加该参数值会导致强度从置换空间扭曲对象所在位置开始随距离的增加而减弱。
- 图像:选择用于置换空间扭曲的位图和贴图。
- 贴图:提供了 4 种贴图模式,用于控制置换空间扭曲对象进行投影的方式,并控制在绑定对象上出现置换扭曲效果的位置。

8) 重力空间扭曲

重力空间扭曲可模拟自然界的重力影响,如图 9-39 所示。重力空间扭曲的参数如图 9-40 所示。

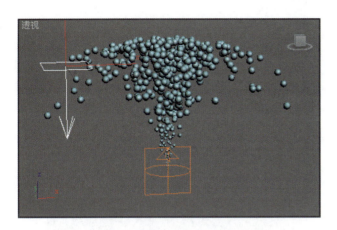 

图 9-39　重力空间扭曲效果　　　　　　图 9-40　重力空间扭曲的参数

- 强度：增大该参数值会加强重力的效果，即对象的移动与重力图标的方向箭头的相关程度。小于 0 的强度会创建负向重力。
- 衰退：该参数值为 0 时，重力空间扭曲用相同的强度贯穿于整个世界空间。增大该参数值会导致重力强度从重力空间扭曲对象的所在位置开始随距离的增加而减弱。
- 平面：重力效果垂直于重力扭曲对象所在的平面。
- 球形：重力效果为球形，并以重力扭曲对象为中心。

9)　风空间扭曲

风空间扭曲模拟风力影响，用于设置粒子受到风吹后的效果，如图 9-41 所示。风空间扭曲的参数如图 9-42 所示。

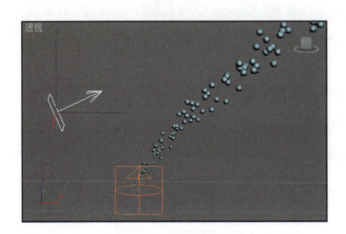 

图 9-41　风空间扭曲效果　　　　　　图 9-42　风空间扭曲的参数

- 湍流：使粒子在被风吹动时随机地改变路线。该参数值越大，湍流效果就越明显。
- 频率：该参数值大于 0 时，会使湍流效果随时间呈周期变化。
- 比例：缩放湍流效果。

3. 几何/可变形空间扭曲

"几何/可变形"空间扭曲用于对几何体进行空间扭曲变形，它包括7种类型，如图9-43所示。

1) FFD(长方体)和FFD(圆柱体)

FFD空间扭曲的作用类似于FFD编辑修改器，它可以同时作用于场景中的多个几何体，通过调整其控制点使绑定的几何体扭曲变形。

2) 波浪

用于创建线形波浪的变形效果，如图9-44所示。

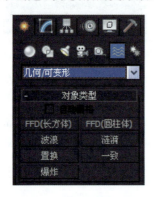
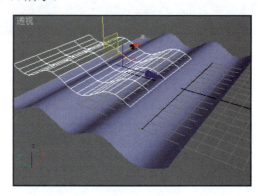

图9-43 几何/可变形空间扭曲　　　　图9-44 波浪空间扭曲的变形效果

3) 涟漪

用于创建环形波浪的变形效果，如图9-45所示。

图9-45 涟漪空间扭曲的变形效果

4) 置换

可对物体进行位置转换的造型扭曲。通过对置换空间扭曲对象的位置、强度、贴图调整来使物体局部造型发生空间位置上的变化，如图9-46所示。

5) 一致

该空间扭曲可实现包裹功能，如图9-47所示。

6) 爆炸

用于将物体爆炸成碎片，如图9-48所示。

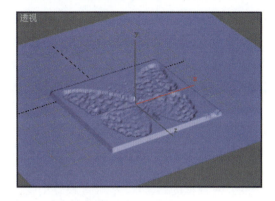

图 9-46　置换空间扭曲加载的贴图及其变形效果

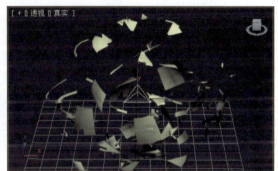

图 9-47　一致空间扭曲的变形效果　　　　图 9-48　爆炸空间扭曲的变形效果

9.3　实操训练

9.3.1　飘落的叶片

【实训内容】

参照本书配套资源"实操训练"文件夹中的文件"实训 9-1.max"和"实训 9-1.avi",使用雪粒子系统制作叶子飘落的动画。其静态渲染图如图 9-49 所示。

【实训重点】

(1) 雪粒子系统的应用。

(2) 使用漫反射贴图和不透明度贴图将粒子的形状变成银杏树叶形状。

【操作提示】

(1) 创建雪粒子系统。启动 3ds Max 2014 后,使用"创建/几何体/粒子系统"命令面板中

图 9-49　飘落的叶片

的"雪"命令，创建雪粒子系统。

（2）参照图 9-50 设置雪粒子系统的相关参数。

（3）设置粒子材质。打开材质编辑器，将一个示例球作为叶子材质指定给雪粒子发射器。设置示例球的漫反射颜色贴图为本书配套资源"材质\其他"文件夹中的文件"银杏 01.TIF"，再设置其不透明贴图为本书配套资源"材质\其他"文件夹中的文件"银杏 02.TIF"。同时设置两种贴图 U、V 方向的平铺数均为 1.25。

（4）设置渲染背景。选择"渲染/环境"菜单命令，在打开的"环境和效果"对话框的"背景"栏中，设置动画背景为本书配套资源"材质\其他"文件夹中的文件"银杏 03.JPG"。

（5）单击工具栏中的 按钮，设置并渲染动画。

9.3.2 绽放的礼花

【实训内容】

参照本书配套资源"实操训练"文件夹中的文件"实训 9-2.max"和"实训 9-2.avi"，使用超级喷射粒子制作礼花绽放的动画。其静态渲染图如图 9-51 所示。

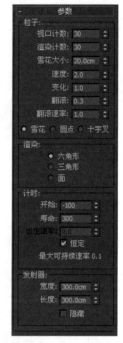

图 9-50 设置雪粒子系统的参数

图 9-51 绽放的礼花

【实训重点】

（1）超级喷射粒子的应用。
（2）设置"粒子年龄"材质。
（3）摄影机运动模糊特效的应用。

【操作提示】

（1）启动 3ds Max 2014 后，在"创建/几何体"命令面板的下拉列表中，选择"粒子系统"选项。在"对象类型"卷展栏中，单击"超级喷射"按钮，然后在顶视图中拖动鼠标创建一个超级喷射粒子发射器。

(2) 激活透视图，单击 ▶ 按钮预览动画效果。这时，可以看到粒子呈线形喷射，且粒子的数量较少，如图 9-52 所示。

(3) 设置超级喷射粒子系统的参数。确认超级喷射粒子被选择，打开"修改"命令面板。在"基本参数"卷展栏的"粒子分布"栏中，将"轴偏离"和"平面偏离"下面的"扩散"均设置为 180，单击动画控制区中的 ▶ 按钮预览动画效果，可以看到粒子从一点向四周喷射。

(4) 设置粒子数量。在"基本参数"卷展栏的"视口显示"栏中，将"粒子数百分比"的值从原来的 10 更改为 100，这时视图中的粒子数量变多了，如图 9-53 所示。

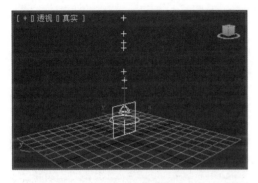 

图 9-52　更改粒子参数前的喷射效果　　　　图 9-53　调整参数后粒子的喷射状态

(5) 在"粒子生成"卷展栏的"粒子数量"栏中，设置"使用速率"为 100。在"粒子计时"栏中，设置"发射开始"为 0，"发射停止"为 20，"寿命"为 70。在"粒子大小"栏中，设置"大小"为 40。渲染透视图，结果如图 9-54 所示。

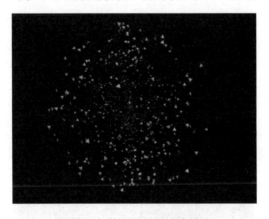

图 9-54　粒子的初始渲染效果

(6) 为粒子施加重力作用。在"创建"命令面板中，单击上方的 ≋ 按钮进入"空间扭曲"面板。在"对象类型"卷展栏中，单击"重力"按钮，然后在顶视图中拖动鼠标创建一个重力空间扭曲图标。

(7) 将重力空间扭曲与超级喷射粒子绑定在一起。确认重力空间扭曲图标被选择，单击工具栏中的 ≋ 按钮后，在顶视图中将光标移到重力空间扭曲图标处，再按住鼠标左键，朝超级喷射粒子拖动鼠标，释放鼠标左键后，就把重力空间扭曲与超级喷射粒子绑定在了一起。这时粒子的喷射状态如图 9-55 所示。

(8) 设置重力空间扭曲的参数。选择重力空间扭曲图标后，打开"修改"面板。在"参数"卷展栏中，将"强度"值由原来的 1 更改为 0.15。

下面为超级喷射粒子设置特定的材质，使其颜色在喷射的过程中随着粒子的生命周期发生变化。

(9) 设置礼花材质。按 M 键打开材质编辑器。将一个示例窗作为礼花材质指定给超级喷射粒子。

(10) 在"Blinn 基本参数"卷展栏中，设置礼花材质的"自发光"为 100。单击"漫反射"右侧的小方块按钮，在弹出的"材质/贴图浏览器"对话框中，双击"粒子年龄"，这时"粒子年龄参数"卷展栏即出现在材质编辑器中，如图 9-56 所示。分别将"颜色#1""颜色#2"和"颜色 #3"设置为白色、黄色和红色。(为了增加粒子的发光强度，可将设置好的漫反射贴图复制到反射贴图中。)

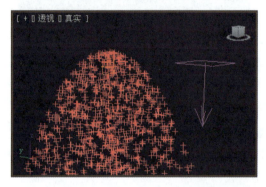 

图 9-55　施加重力影响后粒子的喷射状态　　　图 9-56　"粒子年龄参数"卷展栏

(11) 渲染透视图，从渲染图中可以看出，作为礼花的粒子都非常清晰，如图 9-57 所示。为了增加真实感，下面为粒子系统设置运动模糊效果。

图 9-57　设置运动模糊前的粒子效果

(12) 创建目标摄影机。打开"创建/摄影机"命令面板，单击"目标"按钮，在顶视图中创建一个目标摄影机，并将透视图切换为摄影机视图。参照图 9-58 所示，调整摄影机的位置和角度。

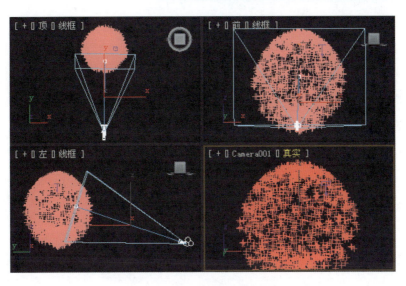

图 9-58　摄影机的位置和角度

(13) 启用摄影机的运动模糊特效。确认摄影机被选择，打开"修改"命令面板，在"参数"卷展栏的"多过程效果"栏中，勾选"启用"复选框，并在其下拉列表中选择"运动模糊"选项。

(14) 在"运动模糊参数"卷展栏中，将"持续时间(帧)"设置为3。

(15) 拖动时间滑块到第 40 帧处，渲染摄影机视图，可以看到粒子具有了运动模糊效果，看上去更像礼花了，如图 9-59 所示。

图 9-59　增加了运动模糊效果后粒子的喷射效果

(16) 用相同的方法再制作一朵礼花，将其"发射开始"设置为20，"发射停止"设置为 50，"显示时限"设置为 120，这样，第二朵礼花就会在第一朵礼花之后绽放。为第二朵礼花指定"粒子年龄"材质，并设置与第一朵礼花不同的颜色。

(17) 激活摄影机视图后，单击工具栏中的　按钮渲染动画。最后，再使用"渲染/查看图像文件"菜单命令，播放动画文件。

参 考 文 献

[1] 李鹏. 3ds Max 三维动画制作教程[M]. 北京：北京交通大学出版社，2015.
[2] 刘宁. 3ds Max 三维动画制作教程[M]. 北京：清华大学出版社，2017.
[3] 彭国华，陈红娟. 3ds Max 三维动画制作技法(基础篇)[M]. 2 版. 北京：电子工业出版社，2019.
[4] 许朝侠. 3ds Max 三维动画制作实例教程[M]. 北京：机械工业出版社，2011.
[5] 吴慧剑，纪昌宁. 3ds Max 动漫三维项目制作教程[M]. 上海：上海交通大学出版社，2012.
[6] 杨磊，章昊，姚征. 零点起飞学 3ds Max 2014 三维动画设计与制作[M]. 北京：清华大学出版社，2014.